高职高专艺术设计专业规划教材·印刷

OPERATION
AND MAINTENANCE
OF OFFSET PRESS

平版印刷机
操作与保养

金洪勇　编著

中国建筑工业出版社

图书在版编目（CIP）数据

平版印刷机操作与保养 / 金洪勇编著. —北京：中国建筑工业出版社，2015.4
高职高专艺术设计专业规划教材·印刷
ISBN 978-7-112-17970-1

I.①平⋯ II.①金⋯ III.①平版印刷机–高等职业–教育–教材 IV.①TS825

中国版本图书馆CIP数据核字（2015）第060698号

本书为高职高专印刷专业规划教材，重点介绍现代平版印刷机的基本结构和操作方法，包括平版印刷机认知、输纸与收纸系统的调节、印刷单元的操作、平版印刷机控制系统的操作及平版印刷机的维护与保养等相关内容，可供高职高专印刷专业学生阅读学习，也可供印刷行业从业人员阅读使用。

责任编辑：李东禧　唐　旭　陈仁杰　吴　绫
责任校对：李美娜　党　蕾

高职高专艺术设计专业规划教材·印刷
平版印刷机操作与保养
金洪勇　编著
*
中国建筑工业出版社出版、发行（北京西郊百万庄）
各地新华书店、建筑书店经销
北京嘉泰利德公司制版
北京方嘉彩色印刷有限责任公司印刷
*
开本：787×1092毫米　1/16　印张：8$\frac{1}{2}$　字数：202千字
2015年6月第一版　2015年6月第一次印刷
定价：49.00元
ISBN 978-7-112-17970-1
　　　（27217）

序

2013 年国家启动部分高校转型为应用型大学的工作，2014 年教育部在工作要点中明确要求研究制订指导意见，启动实施国家和省级试点。部分高校向应用型大学转型发展已成为当前和今后一段时期教育领域综合改革、推进教育体系现代化的重要任务。作为应用型教育最基层的众多高职、高专院校也会受此次转型的影响，将会迎来一段既充满机遇又充满挑战的全新发展时期。

面对众多研究型高校转型为应用型大学，高职、高专作为职业技术的代表院校为了能够更好地迎接挑战，必须努力提高自身的教学水平，特别要继续巩固和加强对学生操作技能的培养特色。但是，当前职业技术院校艺术设计教学中教材建设滞后、数量不足、种类不多、质量不高的问题逐渐显露出来。很多职业院校艺术类教材只是对本科教材的简化，而且均以理论为主，几乎没有相关案例教学的内容。这是一个很大的问题，与当前学科发展和宏观教育发展方向是有出入的。因此，编写一套能够符合时代发展需要，真正体现高职、高专艺术设计教学重动手能力培养、重技能训练，同时兼顾理论教学，深入浅出、方便实用的系列教材就成为了当务之急。

本套教材的编写对于加快国内职业技术院校艺术类专业教材建设、提升各院校的教学水平有着重要的意义。一套高水平的高职、高专艺术类教材编写应该有别于普通本科院校教材。编写过程中应该重点突出实践部分，要有针对性，在实践中学习理论，避免过多的理论知识讲授。本套教材邀请了众多教学水平突出、实践经验丰富、专业实力雄厚的高职、高专从事艺术设计教学的一线教师参加编写。同时，还吸纳很多企业一线工作人员参加编写，这对增加教材的实用性和实效性将大有裨益。

本套教材在编写过程中力求将最新的观念和信息与传统知识相结合，增加全新案例的分析和经典案例的点评，从新时代的角度探讨了艺术设计及相关的概念、方法与理论。考虑到教学的实际需要，本套教材在知识结构的编排上力求做到循序渐进、由浅入深，通过大量的实际案例分析，使内容更加生动、易懂，具有深入浅出的特点。希望本套教材能够为相关专业的教师和学生提供帮助，同时也为从事此专业的从业人员提供一套较好的参考资料。

目前，国内高职、高专艺术类教材建设还处于起步阶段，还有大量的问题需要深入研究和探讨。由于时间紧迫和自身水平的限制，本套教材难免存在一些问题，希望广大同行和学生能够予以指正。

总主编　魏长增

2014 年 8 月

前　言

平版印刷是我国印刷行业最主流的印刷生产方式，平版印刷机操作与保养是印刷技术专业以及印刷图文信息处理专业学生必须掌握的专业技能。因此，《平版印刷机操作与保养》是高等职业院校印刷技术专业和印刷图文信息处理专业普遍开设的一门专业核心技能课程，也是学生考取平版印刷工（中、高级）职业资格证书的必修课程。近几年来，有关平版印刷机操作与保养的教材比较多，但多为介绍平版印刷机结构的教材，理论性很强，使用的图片多为机械设计图而非实体图片，对于高职学生来说，学起来非常吃力，虽然也有一些关于本门课程的实训教材，但多是针对某一类型平版印刷机的，内容涉及面太窄，不利于学生将来的就业，而且太过注重实践，忽略了必要的理论知识，更为重要的是这些教材在内容组织和编排上与现代职业教育"在做中学，在学中做"的一体化教学模式对教材的要求相距甚远，不适合作为理实一体化的教材。有鉴于此，本人在结合多年的平版印刷生产实践以及职业教育教学改革实践的基础上编写了这本教材。

行动导向教学是现代职业教育的一种新教学模式，它注重对学生分析问题、解决问题能力的培养，通过引导学生完成一系列具体的工作任务，使学生学习专业知识和技能，从而实现教学目标。为了适应现代职业教育行动导向教学的要求，本教材的编写打破了传统的理论和实践知识分开的编写方式，将理论和技能操作融为一体，以项目为导向，以任务为载体，教材内容组织充分体现"教学做一体化"的现代职业教育特点。

在教材内容组织上，减少了过多的理论知识，强调实用、够用，每个项目的知识点均围绕实际应用来组织安排，突出对学生职业应用能力的培养，但也不忽视培养应用能力方面所必需的理论知识。

本书在文字表述上采用通俗易懂、简练的语言，并配有大量的图片，力求做到图文并茂，以便于学生理解和掌握。本书既可作为职业院校印刷技术和印刷图文信息处理专业的教材，也适合印刷行业从业人员参考。

本书在编写过程中，得到了雷沪、易艳明、石玉涛、李成龙等几位老师的鼎力支持和帮助，在此表示衷心的感谢。

由于编者水平有限，书中若有疏漏或不妥之处，敬请各位同仁批评指正。

目　录

概　述

平版印刷最早起源于德国人塞纳菲尔德（Alois Senefelder）发明的石版印刷技术，塞纳菲尔德爱好音乐，在他刊印乐谱时，发现在表面有微细小孔的石版上涂油脂后可以吸附油墨，没有涂布油脂的地方则可以吸附水，于是，他经过多次实验，研制出第一台石印机，如图 0-1 所示，由于石版比较笨重，后来他将石版版材换成金属版，石印技术是一种直接印刷技术，通过将承印物直接与印版接触，将印版上的反向图文转移到印张上。

珂罗版印刷是平版印刷技术的另一种起源，是由德国人阿尔贝特（A.L.Poitevin）发明的，它是在玻璃版基的明胶感光层上，覆盖一张负片，

图 0-1　石印机

经曝光显影后，产生具有不同吸水膨胀特性的区域，因而具有不同的油墨吸收特性，这种技术无需加网，依靠不规则皱纹的疏密来表现画面的深浅层次，可复制出原稿的连续调图像，常用于艺术品的复制。与石版印刷一样，珂罗版印刷也属于直接印刷方式。

现代平版印刷普遍采用间接印刷方式，又称为胶印。世界上第一台胶印机是由美国人威廉·鲁贝尔（W.Rube）发明的，他在一次印刷工作中，由于操作故障，使印张的正面和反面都印刷上了图像，经过分析发现，印张反面来自于包有橡皮布的压印滚筒表面的图像要比正面更清晰完整，于是，他想到了在印刷单元的两个滚筒中增加一个滚筒，印刷时，先将印版上的图像转移到中间的橡皮滚筒上，然后由橡皮滚筒转移到纸张上，这样的印刷效果会更好，这就是现代平版印刷机采用的印刷方式。根据印刷机上是否需要安装润湿装置，可将胶印机分为传统胶印机和无水胶印机。

传统胶印机的印刷单元由供墨装置、润湿装置和印刷装置组成，印刷装置又由印版滚筒、橡皮滚筒和压印滚筒组成，印刷时，先将印版上的图文转移到有弹性的橡皮布上，然后由橡皮滚筒转移到压印滚筒上的承印物上，如图 0-2 中的左图所示。在传统胶印机的印版上，图文部分和空白部分几乎处于同一平面上，图文部分亲油斥水，而空白部分既亲水也亲油。印刷时，先利用润湿装置在印版空白部分的表面涂布上一层薄薄的润版液，将空白部分保护起

来，图文部分因为斥水，所以不会形成水膜，然后由供墨装置给印版上墨，由于油水相斥，油墨只能被亲油斥水的图文部分吸附，从而将图文部分和空白部分区分开来，如图0-2中右图所示。

无水胶印又称作"干式胶印"，它借助于特定的印版涂层材料以及与之相适应的油墨和供墨装置，在印刷时，无需给印版上水就能够实现油墨的转印。无水胶印机的印刷单元没有润湿装置，图0-3为高宝Genius52uv无水胶印机，印刷单元由刮墨刀、网纹辊、着墨辊、印版滚筒、橡皮滚筒以及压印滚筒组成。无水胶印机印版上的空白部分由斥墨的硅树脂组成，图文部分由亲油性的感光树脂构成，因而不需要用润版液来保护印版的空白部分，如图0-4的

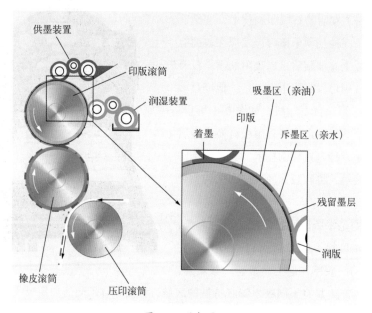

图 0-2　胶印原理

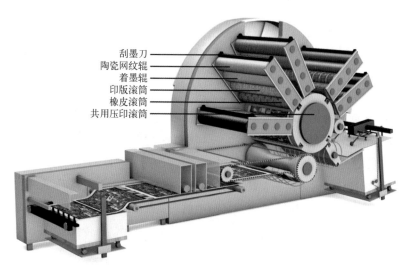

图 0-3　高宝 Genius52uv 无水胶印机

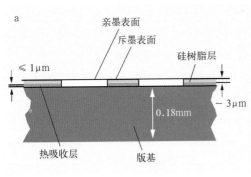
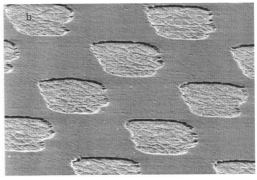

图 0-4　无水胶印印版

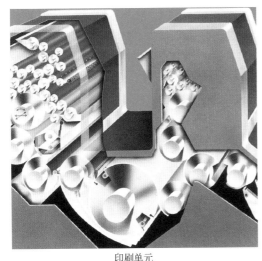

印刷单元

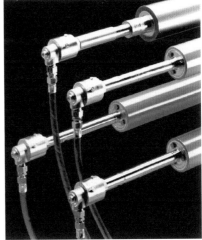

连接温控循环装置的墨辊

图 0-5　无水胶印机温控装置

a 所示，b 为印版表面的显微照片。采用无水胶印，操作人员不必考虑令人头疼的水墨平衡问题，使印刷机的操作变得更容易、更安全，整个印刷过程也更顺利，而且因为没有水的参与，也没有了油墨乳化的问题，印刷品网点再现质量非常好。但是，无水胶印技术自问世以来，并没有得到广泛的推广，这是由于无水胶印使用的印版比较贵，印版表面易受机械损伤和磨损，而且，无水胶印所用油墨也比较特殊，黏性很大，对印刷纸张表面强度要求很高，另外，由于印刷过程中没有润版液的参与，为了避免滚筒摩擦产生的热量引起油墨印刷性能的变化，无水胶印机还必须安装专门的温控装置，如图 0-5 所示。

　　长期以来，平版印刷因其印刷质量高、版材成本低以及耐印力强等特点，一直在印刷行业占有领先的地位，是目前印刷行业中最重要的一种印刷生产方式。由于平版印刷技术的广泛应用，研发和生产平版印刷机的企业也非常多，他们研发出了多种品牌系列的平版印刷机，如德国海德堡系列平版印刷机、高宝系列平版印刷机、罗兰系列平版印刷机、日本的小森系列平版印刷机，还有我国北人集团研发的北人系列平版印刷机和上海电气印刷包装机械集团研发的秋山系列和光华系列平版印刷机等。同时,他们也配套研发了多种平版印刷机控制系统,采用数字化技术进一步简化平版印刷工艺过程,使整个印刷生产过程更加稳定可靠,也使现代平版印刷机操作人员不再是体力劳动者,而是日益成为一个数据管理者。

随着现代科学技术的发展进步与相互渗透,已经有越来越多的新技术不断应用到现代平版印刷机中,如无轴传动技术、套筒技术、在线检测技术、自动上版技术、自动清洗技术、水墨量自动调节技术以及自动套准技术等,使平版印刷机正朝着高效自动化、功能多元化、控制智能化、操作数字化、印品质量精细化的方向发展。

项目一　平版印刷机认知

项目任务

1）描述单色平版印刷机和四色平版印刷机的基本组成，以及平版印刷机安全操作规程；

2）根据某一型号平版印刷机的技术参数，描述该印刷机的性能。

重点与难点

1）平版印刷机的基本结构；

2）平版印刷机的技术参数；

3）平版印刷机的安全操作规程。

建议学时

8 学时。

平版印刷因其能够表现出精细的图像质量，且在技术、工艺与设备性能方面日臻完善，自 20 世纪 60 年代起已经成为我国印刷行业中最主流的印刷生产方式。由于平版印刷机种类繁多，形式多样，不同类型的平版印刷机性能不同，适用的范围也不一样，因此，为了在实际生产中根据需要选择合适的平版印刷机，我们需要了解平版印刷机的类型、结构、性能以及印刷机安全操作规程等方面的知识。

1.1 平版印刷机的分类

平版印刷机的分类方式很多，按承印物幅面可分为双全张平版印刷机、全张平版印刷机、对开平版印刷机、四开平版印刷机、八开平版印刷机等。

按使用纸张的类型可分为单张纸平版印刷机和卷筒纸平版印刷机（又称轮转胶印），如图 1-1 和图 1-2 所示。

按照印刷色数可分为单色平版印刷机、双色平版印刷机、四色平版印刷机、五色平版印刷机、六色平版印刷机、七色平版印刷机、八色平版印刷机、十色平版印刷机等，如图 1-3~图 1-10 所示。

按照印刷面数可分为单面平版印刷机和双面平版印刷机，图 1-11 为小森单面四色平版印刷机，图 1-12 为带翻转机构的高宝双面八色平版印刷机，既可以印刷单面八色的印刷产品，也可以印刷双面各四色的印刷产品。

按照印刷机结构中是否需要润湿装置可将其分为有水平版印刷机和无水平版印刷机。

图 1-1 单张纸平版印刷机

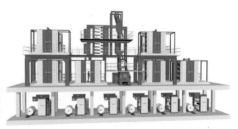

图 1-2 卷筒纸平版印刷机

图 1-3　北人单色平版印刷机

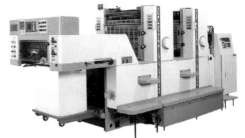

图 1-4　樱井双色平版印刷机

图 1-5　罗兰四色平版印刷机

图 1-6　樱井五色平版印刷机

图 1-7　小森丽色龙 S40 六色印刷机

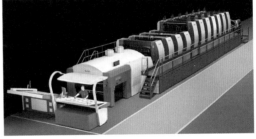

图 1-8　高宝利必达 185 七色加上光平版印刷机

图 1-9　海德堡八色平版印刷机

图 1-10　海德堡十色平版印刷机

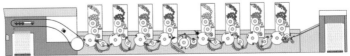

图 1-11　小森单面四色平版印刷机（左）
图 1-12　高宝双面平版印刷机（右）

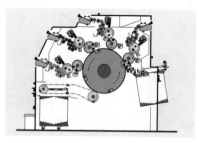

图 1-13 海德堡快霸四色数字
印刷机成像系统

按照印版成像的方式可分为传统平版印刷机和数字平版印刷机,传统平版印刷机制版时,需要先制作感光胶片,然后通过晒版机制作 PS 版,或者利用计算机直接制版机制作印版,最后将制好的印版安装到印刷机进行印刷。数字平版印刷机则可以直接在印刷机上进行印版成像,因而可以节省制版和上版的时间,图 1-13 为海德堡快霸四色数字印刷机成像系统。

1.2 平版印刷机的基本组成

平版印刷机虽然种类繁多,但由于它们的基本原理和工艺流程基本相同,因此,不同类型的平版印刷机有着基本相似的结构。一般来说每台平版印刷机都由原动机、传动系统、执行机构、控制系统和机座等五部分组成。

1.2.1 原动机

平版印刷机的原动机一般为电动机,它把电能转换为机械能,带动印刷机运转,图 1-14 为北人单色平版印刷机的电动机。由于在生产过程中印刷机的频繁起停会对电动机及其他传

图 1-14 单色平版印刷机电机

动部件造成不利影响,电动机与印刷机传动系统之间通常需要安装离合装置。另外,平版印刷机还要求电动机有点动、低速启动以及高度印刷的功能,以满足装卸印版,清洗印版和橡皮布,调整印刷机进行试印刷,以及高速生产的要求,而且要求从低速运行到高速印刷之间必须是无级平稳变速,以免影响印刷质量。

1.2.2 传动系统

传动系统是把原动机产生的机械能传递到印刷机各执行机构的中间装置,传递动力和实现预期的运动是传动系统的两项基本任务。平版印刷机的传动系统是由各种传动机构组成的传动链,可实现增减速以及运动形式的转变,使各执行机构实现预想的运动。在现代平版印刷机上使用的传动方式主要有齿轮传动、链条传动、皮带传动、凸轮传动、万向轴传动、共轴传动以及最新的无轴传动等。

1)齿轮传动

齿轮传动是平版印刷机中采用比较多的一种传动方式,如图 1-15 所示。其优点是传动机构结构紧凑,可以保持传动比不变,且传动效率高。

根据齿轮传动轴间的空间关系,可以将齿轮分为平面齿轮与空间齿轮,如图 1-16 所示,平面齿轮主要用于实现空间两根平行轴的动力传递,空间齿轮则可以实现空间两根不平行也不相交的两轴之间的动力传动,如蜗轮蜗杆机构,平版印刷机中张紧橡皮布时采用的就是蜗轮蜗

杆机构，如图 1-16 所示。而根据齿的形状还可以将齿轮分为直齿、斜齿和"人"字齿三种类型，如图 1-17 所示，直齿的特点是生产加工比较容易，传动时没有轴向力，但传动过程中齿的全长会同时进入啮合和退出啮合，因而容易产生冲击和噪声，对纸张传递带来不稳定因素；斜齿轮的齿形方向与齿轮轴不平行，其啮合过程与直齿不同，不再是线接触，而是点接触，传动时的冲击与噪声都比较小，传动比较平稳，而且在啮合过程中有多对齿轮同时参与啮合，对单个轮齿的磨损比较小，因而，在长期使用中始终可以保持较好的传动比和准确性，在现代平版印刷机的主要传动部位都使用了斜齿轮传动，但斜齿轮传动时会产生轴向力；"人"字齿则包含了斜齿轮的优点，并克服了斜齿轮的轴向力，传动非常平稳，但由于加工难度比较大，在平版印刷机上应用不多。

2）链条传动

链条传动可以用于远距离的动力传递，在平版印刷机上常用于输纸与收纸系统。链条可以分为开式和闭式两种形式，开式链条主要用于纸堆的升降机构，如图 1-18 所示，闭式链条用在收纸系统中，如图 1-19 所示，由于链条脱离链轮的切点处，容易产生冲击，因此，需要将链条置于导轨中，以保证收纸的平稳性。

3）皮带传动

皮带传动主要用于主传动电机到二级传动机构之间的动力传递，在图 1-14 中，电动机的动力就是通过皮带传递到印刷装置的。皮带传动容易出现的问题是皮带的打滑，因此，现在的很多机器都使用了齿形皮带来减少打滑现象。在平版印刷机上使用皮带传动，安装时要注意两带轮定位孔必须保持平行，带轮的张紧度要合适，带轮槽不能有破损，安装顺序是先套皮带再张紧中心距，另外，电动机上的皮带一般为三根，如果其中一根损坏，更换时需要三

图 1-15　平版印刷机上的齿轮传动

图 1-16　橡皮布张紧机构

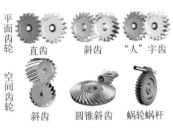

图 1-17　齿轮传动类型

图 1-18　输纸系统的开式链条

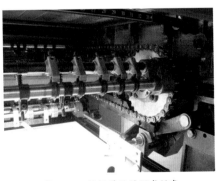

图 1-19　收纸系统的闭式链条

根同时更换。

4）凸轮传动

凸轮传动也是平版印刷机常用的传动方式，根据凸轮的形状可分有盘形凸轮、圆柱凸轮和移动凸轮，如图1-20所示。三种凸轮都广泛应用于印刷机的传动系统中，例如，分纸装置中递纸吸嘴的上下运动是通过盘形凸轮来实现的，定位装置中侧规的往复运动是通过圆柱凸轮来实现的，而移动凸轮则主要用于叼纸牙排的开闭合。

5）万向轴传动

万向轴主要用于联接不同机构中的两根轴（主动轴和从动轴），使之共同旋转以传递扭矩，如图1-21所示，它可在两轴存在轴线夹角的情况下实现所联接的两轴连续回转，并可靠地传递转矩和运动，万向轴传动系统结构紧凑，传动效率高。由于平版印刷机的主机传动轴与输纸系统的传动轴位于不同的空间平面内，因此，印刷装置与输纸系统之间的动力传递通常采用万向轴传动，在图1-22中，北人08机输纸系统的动力传递就采用了万向轴传动。

6）共轴传动

共轴传动是指平版印刷机中的部分或全部执行机构的动力均来源于同一电机驱动的机械长轴，如图1-23所示，由机械长轴通过齿轮传动机构把运动和功率传动到这些执行机构，这些执行机构共用同一根轴，除此以外它们之间并没有直接的传动关系。

由于各执行机构的动力来源于同一电机驱动的机械长轴，各执行机构运转的同步性好，执行机构得到的运动和功率也比较均衡，即使在高速运转的情况下，也能保证印刷质量。平版印刷机采用共轴传动，可省去部分传动元件，使印刷机结构简单，安装调试与维修保养也较方便，同时还可以降低噪声。

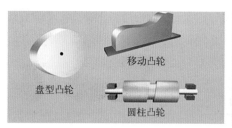

图 1-20　凸轮传动

图 1-21　万向轴

图 1-22　万向轴传动

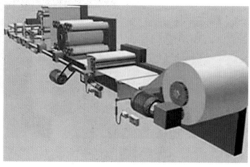

图 1-23　共轴传动

7）无轴传动

无轴传动是采用众多的伺服电机来分别驱动印刷机各个部分的运动，如图1-24所示，这些电机并非各自为政，而是紧密相连的，它们的驱动系统由不同层次的网络传输信号控制，这些驱动设备以及各种网络形成了一条虚拟轴，可以在瞬间实现协作部分的同步运转，从而取代了以往的机械轴来带动机器的同步运转。采用无轴传动的平版印刷机各机组间不用传动轴和齿轮，分别用单独的电机传动，因而结构简单，传动精度高，误差小。

图1-24 无轴传动

传统的印刷机因为采用机械轴传动，一个地方点车，其他相连的地方都会跟随运动，因此，无法对多个印刷单元同时进行装版、擦橡皮布等操作，如果一个印刷单元在装版，其他印刷单元就必须等待。而对于采用无轴传动的印刷机来说，由于各个印刷单元相互独立，每个部分的操作都可以不受其他部分的约束，因此，可以对多个印刷单元同时进行装卸版或者擦洗橡皮布等操作。

1.2.3 执行机构

平版印刷机的执行机构是利用原动机传递的动力来实现印刷产品的生产，通常包括输纸系统、印刷单元和收纸系统三大部分，三个部分又分别由若干个不同的部件组成，如图1-25所示。

1）输纸系统

单张纸平版印刷机的输纸系统由分纸装置、输纸台、输送装置、定位装置和递纸装置组成，纸张从输纸台经飞达逐张分离，并经过输纸板定位后加速递给印刷单元进行印刷。为保证印刷产品达到质量要求，输纸系统必须保证输纸的稳定性、连续性和准确性，而且还能够满足不同幅面尺寸和厚度的纸张的输送。

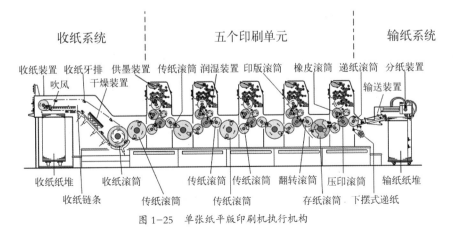

图1-25 单张纸平版印刷机执行机构

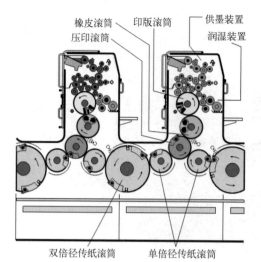

图 1-26　平版印刷机的印刷单元

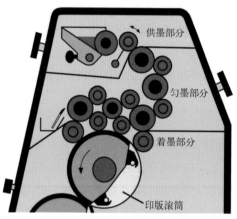

图 1-27　平版印刷机供墨装置

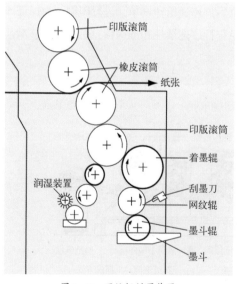

图 1-28　网纹辊供墨装置

2）印刷单元

平版印刷机的印刷单元由印刷装置、供墨装置和润湿装置组成，如图 1-26 所示。

印刷装置主要由印版滚筒、橡皮滚筒、压印滚筒以及离合压机构和压力调节机构组成，印刷装置是印刷机的核心部件，负责将油墨转移到承印物上，印刷出合格的印刷产品。

供墨装置的作用是将印刷油墨打薄、打匀，并均匀地涂布到印版的图文部分，传统平版印刷机的供墨装置比较复杂，一般由 16~25 根墨辊组成，分为给墨、匀墨和着墨三部分，如图 1-27 所示，另外，还包括给墨和停墨的离合机构、压力调节机构。在现代高端平版印刷机上已经开始采用网纹辊供墨装置，大大简化了平版印刷机供墨装置的结构，缩短了墨路，如图 1-28 所示。

润湿装置仅用于平版印刷机上，是平版印刷区别于其他印刷生产方式的一个显著特征，润湿装置由供水部分、匀水部分、着水部分以及水辊离合压机构组成，它负责定期、定量、均匀地将水涂覆在印版表面的空白部分，以免印版空白部分起赃，图 1-29 为平版印刷机的润湿装置。由于无水平版印刷不需要润湿液，所以在无水平版印刷机上并没有润湿装置。

3）收纸系统

单张纸平版印刷机的收纸系统由收纸滚筒、收纸链条或收纸带、收纸牙排、印张减速

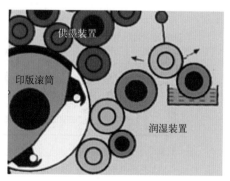

图 1-29　平版印刷机润湿装置

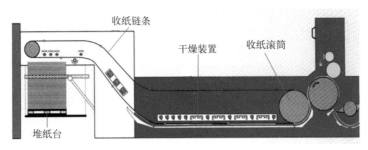

图 1-30 单张纸平版印刷机收纸装置

装置、防污平整装置、齐纸机构、收纸台和收纸台升降机构组成，如图 1-30 所示。其作用是将印刷后的纸张整齐地收集并堆放在一起，以便进入下一个工序进行印后加工。

1.2.4 控制系统

现代多色平版印刷机普遍采用电脑程序控制，人机对话非常方便，操作简单，控制准确，可靠性也非常高，图 1-31 为海德堡平版印刷机的中央控制台，印刷机的很多操作都可以直接在中央控制台上通过遥控完成。平版印刷机的控制系统相当于印刷机的大脑，通过控制系统可以进行印刷品套准控制、墨量大小控

图 1-31 海德堡平版印刷机控制台

制、水量大小控制、自动清洗、自动换版、自动检测以及输纸系统自动调节等功能，使印刷机很多操作自动化，大大节省了印刷的准备时间。

1.2.5 机座

机座是印刷机的支撑部件，印刷机的传动机构、执行机构和其他部件都安装在机座上。机座对于平版印刷机来说，也非常重要，机座材料的强度、刚度、制造精度以及结构设计会直接影响平版印刷机的印刷精度和使用寿命，还会影响平版印刷机的外观。

1.3 平版印刷机的型号编制

印刷机的型号编制是用来描述印刷机的类型、用途、结构、纸张规格、印刷色数等主要参数，通过印刷机的型号用户就能大概了解印刷机的一些基本性能。

1.3.1 国产印刷机型号编制方法

我国印刷机的型号编制方法是根据国家相关标准来制定的，不同的时期有不同的标准，分别有 JB/E 106-1973、JB 3090-1982、ZBJ 87007.1-1988、JB/T 6530-1992 和 JB/T 6530-2004

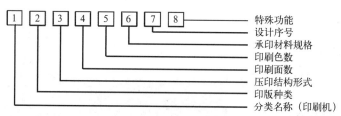

图 1-32 国产印刷机型号编制方法

等多个标准，JB/T 6530-2004 为最新的平版印刷机型号编制标准，是从 2005 年 4 月 1 日开始实施的。

印刷机型号由主型号和辅助型号组成。主型号表示产品的分类名称、印版种类、压印结构形式等，用大写汉语拼音字母表示；辅助型号表示产品的主要规格和设计顺序，用阿拉伯数字表示。印刷机型号表示顺序如图 1-32 所示：

第 1 位表示印刷机的分类名称，用字母"Y"表示；

第 2 位表示印版的种类，用"T"表示凸版，"P"表示平版，"A"表示凹版，"K"表示孔版，"Z"表示特种版；

第 3 位表示压印结构形式，由于现代平版印刷机都是采用圆压圆的压印形式，因此，对平版印刷机来说，这一位可以省略，在型号编制中不用表示出来；

第 4 位表示印刷面数，双面印刷用"S"表示，单面印刷不用表示出来；

第 5 位表示印刷色数，用阿拉伯数字表示，"4"表示四色印刷机，"2"表示双色印刷机；

第 6 位表示承印材料规格，分为 A、B 两个系列，A0 表示全开 A 系列纸，B1 表示对开 B 系列纸，对于卷筒纸印刷机，承印材料规格直接用纸张的宽度尺寸表示，单位为毫米；

第 7 位为印刷机设计序号，表示生产厂家产品开发的改进顺序，用英文字母表示，依次为 A，B，C，D……，对于第一次设计的印刷机则不用表示；

第 8 位表示印刷机附加的特殊功能，例如，"G"表示印刷机具有上光功能，"M"表示印刷机具有模切功能，"J"表示印刷机采用酒精润湿装置。

假设某印刷机的型号为 Y P 2 A1 A，根据印刷机的型号编制方法，我们就可以知道该印刷机为对开双色平版印刷机，而且印刷机是第一次改进设计。型号 Y P 4 880-J 则表示幅面为 880mm 的卷筒纸四色平版印刷机，且该印刷机是采用酒精润湿液。

1.3.2 进口印刷机的型号编制方法

进口印刷机的品牌众多，如海德堡、高宝、罗兰、小森等，其型号编制方法也各不相同，通常采用"公司名称 + 系列 + 幅面"的命名规则，另外还会加上一些其他技术参数，如印刷色数和描述上光单元等特殊功能的参数。

1）海德堡平版印刷机的型号编制

海德堡平版印刷机有 SM、CD、PM、GTO、CX、XL 等多个系列，SM 系列在国内叫速霸系列，适合薄纸印刷，CD 系列适合纸板的印刷，GTO 系列为小幅面印刷机，PM 系列在国内又叫印霸，是介于 GTO 系列和 SM 系列间的印刷机，XL 系列是商业印刷机。

海德堡平版印刷机的型号编制采用"公司名称 + 系列 + 幅面"的命名规则，幅面后面还可以加上印刷色数以及一些特殊功能，色数直接用阿拉伯数字表示，特殊功能用字母表示，"L"表示上光，"H"表示高台收纸，"P"表示翻转装置，"Y"表示机组间的干燥装置，"X"表示加长收纸的干燥装置，如 Heidelberg CX 102–6–L 表示海德堡 CX 系列的商业平版印刷机，印刷机的最大印刷幅面为 1020mm，印刷色数为 6 色，并带上光单元，如图 1–33 所示。

2）罗兰平版印刷机的型号编制

罗兰平版印刷机的型号编制采用"公司名称 + 系列"，如 Roland 100，Roland 200，Roland 300，Roland 500，Roland 700，Roland 900 等，系列的最后一位可以表示印刷色数，系列后面也采用字母来表示特殊功能，如"L"表示上光，"H"表示高台收纸，"P"表示翻转装置，"T"表示机组间的干燥装置，"V"表示加长收纸中的干燥装置，如 Roland 707 LV 表示罗兰 700 系列七色加上光单元的平版印刷机，如图 1–34 所示。

3）高宝平版印刷机的型号编制

高宝平版印刷机的型号编制规则与海德堡印刷机相似，也采用"公司名称 + 系列 + 幅面"的命名规则，高宝 Rapida 系列是高宝公司最主要的产品，在国内又叫利必达系列，幅面后面也可以加上印刷色数以及一些特殊功能，色数直接用阿拉伯数字表示，用字母"L"表示上光，"P"表示翻转装置，"T"表示机组间的干燥装置，"ALV"表示加长收纸中的干燥装置，ALV1、ALV2、ALV3 分别对应不同的长度。如 KBA RA 105–6+L 表示高宝利必达系列六色平版印刷机，最大印刷幅面为 1050mm，该印刷机带上光单元，如图 1–35 所示。

图 1–33　海德堡 CX 102–6–L

图 1–34　Roland 707 LV 平版印刷机

图 1–35　KBA RA 105–6+L 平版印刷机

图 1-36   Komori Lithrone S-440P 平版印刷机

4）小森平版印刷机的型号编制

小森公司生产的平版印刷机是采用"公司名称＋系列＋色数＋幅面"的型号编制方法，小森公司生产的平版印刷机型号比较多，有 Lithrone S 系列、Lithrone SX 系列、Lithrone GX/G 系列、SPICA 系列等，印刷色数用阿拉伯数字表示，与其他进口印刷不同的是，小森印刷机描述幅面的参数使用的是英制单位，当印刷机带翻转机构时，在幅面后面加上字母"P"。如 Komori Lithrone S-440P 表示小森 Lithrone S 系列四色带翻转机构的平版印刷机，最大印刷幅面为 40 英寸，如图 1-36 所示。

1.4 平版印刷机的性能参数

通过平版印刷机的型号我们能看出印刷机的一些基本参数，如印刷幅面、印刷色数等基本性能，但我们要了解一台印刷机更具体的性能，如印刷生产效率、自动化程度、适用的承印物厚度、占地面积等，就必须查阅它的具体技术参数。

1.4.1   BEIREN 200 四开平版印刷机的技术参数

图 1-37 为 BEIREN 200 四开平版印刷机，该印刷机最大印刷尺寸为 520mm×740mm，适用的纸张厚度范围为 0.06~0.5mm，最大印刷速度可达到 15000 张 / 小时，其具体技术参数见表 1。

北人 200 平版印刷机技术参数　　　　　　　　　　表 1

色数（C）	4	最大印刷速度（S/H）	15000
最大纸张尺寸（mm）	520×740	最小纸张尺寸（mm）	305×427
纸张厚度（mm）	0.06～0.5	最大印刷面积（mm）	510×735
印版尺寸（mm）	615×740×0.3	橡皮布尺寸（mm）	623×745×1.9
给纸堆高度（mm）	970	收纸堆高度（mm）	1000
主电机功率（kW）	18.5	外形尺寸（mm）（长宽高）	7868×3419×1820
净重（kg）	25000		

图 1-37   BEIREN 200 四开平版印刷机

1.4.2　KBA Rapida 75 平版印刷机的技术参数

图 1-38 为 KBA Rapida 75 平版印刷机，该印刷机最大印刷幅面为 585mm×735mm，适用的纸张厚度范围为 0.04~0.6mm，最大印刷速度可达到 15000 张 / 小时，其具体技术参数见表 2。

KBA Rapida 75 平版印刷机技术参数　　　　　　　　　　　　　　　　表 2

纸张幅面尺寸	最大（标准 / 选项）530mm×750mm/605mm×750mm 最小（正面印刷 / 双面印刷）300mm×300mm/350mm×300mm
印刷幅面尺寸	标准 / 选项　510mm×735mm/585mm×735mm
印版和橡皮布幅面尺寸	印版幅面尺寸（标准 / 选项）605mm×745mm/660mm×745mm 橡皮布幅面尺寸 700mm×745mm
承印物	标准的 0.04 ~ 0.6mm 配备纸板处理设备（在约 450g/m² 时开始使用）0.8mm 配备纸张翻转装置 0.04 ~ 0.6mm
生产速度	可达 6 个印刷机组＋上光机组　可达 15000 张 / 小时 可达 8 个印刷机组＋上光机组　可达 13000 张 / 小时 配备"高速"加工套件　可达 16000 张 / 小时 配备纸张翻转装置，可达 6 个印刷机组＋上光机组（正面印刷模式），可达 15000 张 / 小时 配备纸张翻转装置，可达 8 个印刷机组＋上光机组（正面印刷和双面印刷模式），可达 13000 张 / 小时
纸堆距地面高度	飞达 980mm 收纸装置 920mm

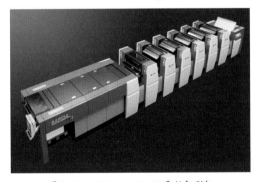

图 1-38　KBA Rapida 75 平版印刷机

1.4.3　速霸 SM74-4-H 平版印刷机的技术参数

图 1-39 为海德堡速霸 SM74-4-H 平版印刷机，该印刷机最大印刷幅面为 530mm×740mm，适用的纸张厚度范围为 0.03~0.6mm，最大印刷速度可达到 15000 印张 / 小时，其具体技术参数见表 3。

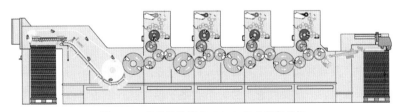

图 1-39　海德堡速霸 SM74-4-H 平版印刷机

海德堡速霸 SM74 技术参数

表 3

承印物厚度	0.03 ～ 0.6mm（0.0012 ～ 0.024in）
最大印张尺寸	530mm×740mm（20.87in×29.13in）
最小印张尺寸	210mm×280mm（8.27in×11.02in）
最大印刷幅面	510mm×740mm（20.08in×29.13in）
叼口大小	8 ～ 10mm（0.31 ～ 0.39in）
印版（长 × 宽）	605mm×745mm（23.82in×29.33in）
厚度	0.25 ～ 0.30mm（0.0098 ～ 0.012in）
最大印刷速度	15000 印张 / 小时
纸堆高度（包括纸堆支架）	飞达 1060mm（41.73in） 高堆收纸装置 1156mm（45.51in）
印版滚筒缩径量	0.15mm（0.0059in）
印版边缘至起印位置的距离	59.5mm（2.34in）
橡皮滚筒缩径量	2.3mm（0.091in）
橡皮布（长 × 宽）	616mm×772mm（24.25in×30.39in）
橡皮布厚度	1.95mm（0.077in）
印刷单元数量	4
外形尺寸（mm）（长宽高）	7760mm×3220mm×1870mm

1.5　平版印刷机的安全操作规程

1.5.1　操作平版印刷机需要注意的问题

1）着装要求

进入车间的操作人员不得留长发，不得穿裙子，不得穿拖鞋，裤子要宽松以便操作过程中膝盖弯曲，穿的鞋子不能打滑，要系紧鞋带，扣紧衣服袖口纽扣，皮带不能过长，口袋里不能放操作工具、笔、打火机、香烟以及手巾等物品，胸口不能带胸牌，以免在操作印刷机时，不小心掉进印刷机中，造成危险。

2）机器操作过程中需注意的问题

开机前要先认真检查机器上是否存放有异物，操作过程中使用的各种工具、物品不能随意放置在印刷机上，应放在指定地点，上下阶梯时务必抓着扶手，一旦发现地面有水、油渍要随时擦掉，以防止脚下打滑。要认真检查机器安全装置是否灵敏以及是否处于工作状态，不能随意拆除安全装置。

操作机器时必须先按动警铃，确保没有其他人员在操作机器时，再点动或低速运转机器，机器运转时应注意机器是否有异常声音，如有异常声音应及时停车，只有机器检查无障碍后方可正常运行机器。

在机器运转过程中如有紧急异常情况出现时，应立即按下红色停锁按钮，紧急停车。如在机器运转过程中，发现转动部件上有破碎、折角或歪斜的纸张，不得随意用手抢纸，在收纸部分抽取样张采样时，一定要注意手势，不能将手越过前齐纸板，以免发生危险，当需要进入机器内操作时，必须先锁死急停按钮，必要时须关闭印刷机电源。

在机器正常运转过程中不得给机器加注机油、不得擦洗橡皮布和印版以及机器其他部位，电气部分有问题时应请专业维修人员进行维护，不要让非专业人员调整、修理印刷机。

在手动操作、调整机器或长时间不使用机器时，应将机器主电源断开，机器维修无需供电时，应把主开关锁上，防止他人误操作而造成事故。

1.5.2　平版印刷机基本操作规程

虽然平版印刷机类型众多，但基本操作规程大致相似，下面以北人 J2108 平版印刷机为例介绍平版印刷机的基本操作规程：

1）开机前的检查

（1）检查机器上有没有乱放操作工具或抹布等异物，并检查印刷机周围场地是否清理干净；

（2）检查气压是否达到规定压力；

（3）检查印刷机每天要润滑的部分是否都有上油；

（4）检查喷粉杯内有无喷粉，墨斗里是否有油墨，水斗里是否有润湿液，必要时进行添加；

（5）检查印刷机各安全防护装置是否齐全、可靠。

2）生产运行

（1）将全机的停锁开关都扳向通位置，打开印刷机开关，如图 1-40 所示，此时电源接通；

（2）先按电铃按钮，然后按点动按钮，检查机器运转状况，如果没有故障，则按运转按钮，进行低速空转；

（3）空车运转正常后，扳动靠版水辊手柄，然后扳动着墨辊手柄，使水辊、墨辊先后与印版滚筒合压，如图 1-41 所示；

（4）印刷大幅面纸张时，将空张控制开关扳向大纸位置，印刷小幅面纸张，将开关扳向小纸位置，如图 1-42 所示；

（5）按进纸按钮后，按给纸按钮，带动输纸系统运转；

图 1-40　北人 J2108 平版印刷机开关

图 1-41　北人 J2108 平版印刷机水墨辊离合压控制杆

图 1-42　北人 J2108 平版印刷机输纸部分控制按钮

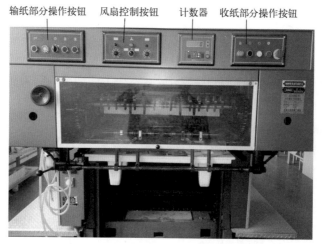

输纸部分操作按钮　风扇控制按钮　计数器　收纸部分操作按钮

图 1-43　北人 J2108 平版印刷机收纸部分控制按钮

（6）将给纸气泵开关扳向通位置，此时输纸系统开始输纸；

（7）按合压按钮后，进行印刷工作；

（8）当走完过版纸后，将计数器开关扳向通位置，如图 1-43 所示，开始进行印刷计数；

（9）旋转调速表上的旋钮，进行印刷速度的预选；

（10）按定速按钮，机器立即增速至预先选择的印刷速度，在主机低速空转时，需要安全急停车，可以直接按停车按钮，但如果在高速走纸印刷时需要停车，应该先按给纸停按钮，待主机降速后再按停车按钮。在一般情况下不允许在高速印刷（即合压）时按"停锁"按钮停车，以免对机器造成不必要的损失。

3）收工时的清理

（1）每天印刷生产结束后，要清洗橡皮滚筒和压印滚筒的肩铁，以免残墨干硬后不便清洗，并用浸有汽油的抹布清洗橡皮布；

（2）清洗墨斗、墨辊、水斗和水辊；

（3）拆卸印版，清洗印版滚筒，对需要再次印刷的印版涂抹印版保护液，并进行保存；

（4）关闭印刷机总开关，并清洁设备及地面卫生。

项目小结

本项目主要介绍了平版印刷机的类型和基本结构，国内外平版印刷机的型号编制方法，平版印刷机的性能参数，以及平版印刷机的安全操作规程。

课后练习

1）平版印刷机主要由哪几部分组成？

2）现代平版印刷机上常用的传动方式有哪些，各有何特点？

3）某一平版印刷机的型号为 KBA RA 142-4+L，请说明该印刷机型号编制中字母和数字各代表的意义。

4）为了保证操作人员的人身安全以及设备的安全，操作平版印刷机需要注意哪些问题？

项目二　输纸与收纸系统的调节

项目任务

1）根据印刷纸张规格完成平版印刷机输纸系统的调节，保证印刷过程中输纸的稳定性；

2）根据印刷纸张规格完成平版印刷机收纸系统的调节，使印张整齐地堆放在收纸台上。

重点与难点

1）分纸装置的调节；

2）双张检测装置的调节；

3）定位装置的调节；

4）递纸装置的调节。

建议学时

24学时。

输纸系统与收纸系统是平版印刷机的两个重要执行机构，在平版印刷过程中，为了高速印刷，输纸系统必须准确、平稳地将纸张输入到印刷单元中，纸张经过印刷单元完成印刷后，收纸系统负责将印张收集并理齐，以便进行后加工处理。输纸与收纸的连续性和稳定性直接关系到印刷品的质量和印刷生产效率。因此，印刷机操作人员必须掌握平版印刷机输纸系统与收纸系统的工作原理、基本结构以及各部件的调节方法，在这里仅介绍单张纸输纸系统与收纸系统的调节。

2.1　输纸系统的调节

2.1.1　输纸系统的分类与组成

1）输纸系统的功能要求

单张纸平版印刷机输纸系统的作用是利用分纸装置将纸堆上的纸张一张一张地分离出来，并输送到定位装置定位后，由递纸机构传递给第一色组的压印滚筒进入印刷单元进行印刷。输纸系统性能的好坏直接影响着平版印刷机的印刷速度和印刷品的套印精度。因此，单张纸平版印刷机的输纸系统应满足如下几点要求：

（1）具有较高的分纸、输纸速度，以适应印刷机高速印刷的需要；

（2）能够可靠、平稳且准确地将纸张输送到定位装置进行正确定位，以保证每一印张上图像相对于纸张的位置一致；

（3）当所用纸张的品种、幅面以及厚度发生变化时，能方便地进行调整；

（4）能够保证纸张正确分离，应带有防止双张装置，以防止同时有两张及两张以上的纸张同时进入印刷单元；

（5）在印刷过程中，堆纸台能够自动上升，使纸堆始终保持合理的高度，并尽可能做到不停机补充纸张；

（6）在输纸过程中，不能损伤纸张，对已印刷的纸张表面，不能产生蹭脏现象；

（7）当出现双张、空张、纸张歪斜或残纸等故障时，有可靠的自动停机安全装置；

（8）输纸系统结构要简单，操作方便，占地面积小，在机器运转过程中，能进行必要的调整。

2）输纸系统的分类

根据纸张分离方法的不同，输纸系统可以分为摩擦式输纸系统、气动式输纸系统和卷筒纸分切式输纸系统。

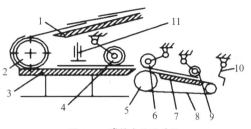

图 2-1 摩擦式输纸系统
1- 上铺纸板；2- 传纸滚筒；3- 下铺纸板；4- 分纸摩擦轮；
5- 导纸辊；6- 导纸压轮；7- 输纸板；8- 传纸线带；
9- 压纸轮；10- 前规；11- 压纸器

（1）摩擦式输纸系统

摩擦式输纸系统是利用摩擦力的作用将纸张从纸堆上分离开来，同时利用相应的传送装置将纸张输送到定位装置，其工作原理如图 2-1 所示，将 300~500 张纸放在上铺纸板 1 上，展开铺好，使相邻纸边错开 2~3mm，传纸滚筒 2 做周期旋转，传纸滚筒上的线带使展开的纸张在往下铺纸板 3 移动的同时，继续错开，纸张到达下铺纸板前边缘时，相邻两张纸的纸边已错开 20~30mm，分纸摩擦轮 4 除了做上下运动外，还不停地转动，纸张到达分纸摩擦轮下面时，分纸摩擦轮正好下降，利用它与纸张的摩擦力将纸张送到导纸装置，导纸装置由连续旋转的导纸辊 5 和做上下摆动的导纸压轮 6 组成，当纸张的前边缘进入导纸压轮与导纸辊中间时，压轮绕回转中心向下摆动，将纸张传递给输纸板，然后通过传纸线带 8 和压纸轮 9 送到前规 10 处定位，与此同时，分纸摩擦轮抬起，为了防止下面的纸张移动，下铺纸板 3 上面还安装有压纸器 11，当第一张纸被送往分纸摩擦轮时，压纸器下降将第二张纸的后边缘压住。这种输纸系统的结构比较简单，但由于是利用摩擦力进行分纸，容易使印迹擦伤或出现背面蹭脏，分纸效果不好，而且还容易产生双张、多张、歪张等输纸故障，输纸速度也比较慢，影响印刷生产效率与质量，不适合作为高速印刷机的输纸方式。

（2）气动式输纸系统

气动式输纸系统是利用空气压缩机构，产生吹风和吸气两种功能动作，将纸张从纸堆中一张一张地分离出来，气动式输纸系统工作比较平稳、可靠，噪音也比较小，适合高速印刷机，是现代平版印刷机普遍采用的输纸方式。气动式输纸系统可以分为间歇式输纸和连续式输纸两种形式。

间歇式输纸系统输纸时，一张纸接着一张纸进行输送，前后两张纸之间有距离，无接触，如图 2-2 所示，当吸嘴吸起纸堆上面的一张纸时，给纸叼纸牙摆到纸堆边缘叼住被吸嘴分离出来的纸张，然后摆动送到前规处进行定位，定位后的纸张由递纸机构传递给压印滚筒。在输纸过程中，当第一张纸的拖稍没有离开纸堆前边缘时，吸嘴是无法吸到下面一张纸的，因此，两张纸之间会有间距。间歇式输纸系统的分纸装置安装在纸堆叼口部位的上方，图 2-3 为海德堡间歇式输纸系统。

连续式输纸系统在输纸过程中，后一张纸的前面部分会重叠在前一张纸后面部分一段距离，纸张之间重叠交错，即前后两张纸叼口之间的距离 S 小于纸张本身的长度。由于纸张的重叠，后一张纸的叼口被前一张的拖稍遮住，输纸系统的吸嘴不能在纸张的叼口部位吸纸，而只能在纸张的拖稍部位吸纸，因此，连续式输纸系统的分纸装置位于纸堆的后上方，如图 2-4

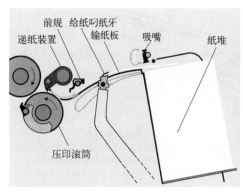

图 2-2　间歇式输纸系统

图 2-3　海德堡间歇式输纸系统

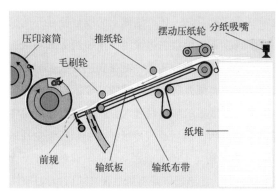

图 2-4　连续式输纸系统

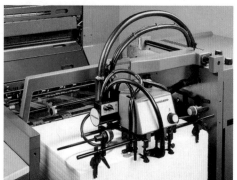

图 2-5　海德堡连续式输纸系统

所示。连续式输纸系统要求当前一张纸定位时，后一张纸不能够碰到侧规，以保证纸张间不产生干涉。连续式输纸系统是国产印刷机以及进口印刷机采用得比较多的一种输纸方式，图 2-5 为海德堡连续式输纸系统。

（3）卷筒纸分切式输纸系统

如图 2-6 所示，卷筒纸分切式输纸系统采用卷筒纸供纸结构形式取代了气动、机械式的单张纸输纸机。纸张以纸带形式输送到带有刀槽的接纸辊和带有旋转刀的分切辊中间，在刀片和刀槽的配合下，将纸带裁切成所需印刷幅面的单张纸，然后输送到定位机构经过定位后送入印刷单元。这种输纸系统的最大优点是结构简单，能使卷筒纸用在单张纸平版印刷机上，提高了灵活性，且可大幅度降低纸张的成本。

3）输纸系统的组成

单张纸平版印刷机的输纸系统一般由分纸装置、输送装置、定位装置和递纸装置组成，

图 2-6　卷筒纸分切式输纸系统

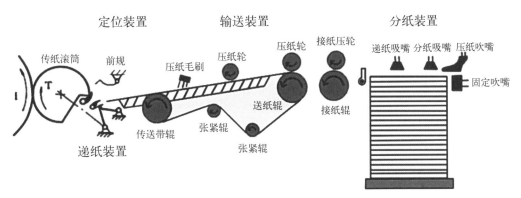

图 2-7　单张纸平版印刷机输纸系统的组成

如图 2-7 所示，分纸装置的作用是将纸堆上的纸一张一张地分离出来并传递给输送装置，输送装置负责将纸张平稳、准确地输送到定位装置，定位装置通过前规和侧规分别对纸张进行纵向和横向定位后，由递纸机构将纸张从输纸板上取走，并传递给压印滚筒，进入印刷单元进行印刷。另外，单张纸平版印刷机输纸系统还包括纸张检测装置、传动装置、控制系统和气路系统。

2.1.2　分纸装置的调节

分纸装置又称为飞达，其作用是周期性地将纸堆上的纸张逐张分离出来，并传递给输送装置，分纸装置在工作过程中要求准确、无误，各个部件工作要相互协调，分离纸张时不能出现双张或多张，也不能出现空张现象，而且能够适应不同品种和规格的纸张，对于不同规格、厚度和定量的纸张都能准确地从纸堆上分离出来，并平稳地传递给输送装置。分纸装置主要由压脚、分纸吸嘴、递纸吸嘴、送纸吹嘴、压片或分纸毛刷、压块、侧吹嘴、挡纸舌等部件组成，如图 2-8 所示。

1）分纸装置的位置调节

在印刷过程中，由于承印物的幅面经常会发生变化，因此，需要根据所印纸张的尺寸来调节分纸装置的位置，分纸装置的位置调节包括前后位置调节和高低位置调节，图 2-9 为北人 J2108 对开单色平版印刷机分纸装置位置调节装置，调节方法比较简单。在比较先进的平版印刷机上，都安装有分纸装置自动调节装置，只需要在控制台上输入纸张的规格，输纸系统

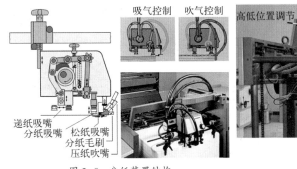

图 2-8　分纸装置结构

图 2-9　分纸装置位置调节

就能自动调节到合适的位置。

2）松纸吹嘴的调节

松纸吹嘴位于纸堆的后面，一般左右各一个，如图2-10所示。松纸吹嘴上面有几排小气孔，它的作用是吹松纸堆最上面的几张或十几张纸，使它们与挡纸毛刷相接触，为分纸吸嘴分纸创造条件。

松纸吹嘴吹出的气流以喇叭状进入纸张之间，既能保证纸张被吹松，又不能使最上面的纸因风力过大而飘起，以免出现双张现象。松纸吹嘴的调节主要包括位置调节和风量大小调节，调节松纸吹嘴的位置时，高度一般以能吹松纸堆上面的5~10张纸为宜，松纸吹嘴与纸堆后边缘的距离一般控制在6~10mm，松纸吹嘴的风量大小调节是通过风量调节阀来进行的，风量大小与纸张厚薄有关，一般印薄纸时风量调节得小一些，印厚纸时，风量调节得大一些，风量大小一般控制在纸堆最上面的2~3张纸刚好能跟毛刷或压片相接触为宜。

3）侧吹嘴的调节

有些平版印刷机的分纸装置安装有侧吹嘴，尤其是大幅面的印刷机，图2-11为高宝平版印刷机分纸装置的侧吹嘴。侧吹嘴一般装在纸堆的前边角，纸堆的两侧各一个，其作用主要是吹松纸张上压脚吹风吹不到的部位，侧吹嘴的调节也包括位置调节和风量大小调节，调节方法与送纸吹嘴的调节基本相似。

4）分纸吸嘴的调节

分纸吸嘴的作用将纸堆最上面的一张纸吸起，并提升到一定的高度，准确地传递给递纸吸嘴，如图2-12所示。分纸吸嘴一般对称于输纸中心线分布，有两个以上，数量多可以使分纸平稳，在分离薄纸时效果会比较好。

分纸吸嘴的工作原理如图2-13所示，当凸轮的小面与摆杆上的滚子接触时，分纸吸嘴在最低位置，这时分纸吸嘴与气路接通，分纸吸嘴吸起已被吹松的纸堆最上面的一张纸，此时吸嘴内为真空，形成负压，在大气压的作用下，活塞能够克服弹簧的作用力而上升，凸轮也逐渐转为大面与滚子接触，此时，纸张被提升的高度大约20多毫米，当递纸吸嘴接过纸张后，分纸吸嘴立即停止吸气，吸嘴内的负压差消失，在弹簧的作用下，吸嘴下降，凸轮又由大面转为小面与滚子接触，准备下一次吸纸工作。

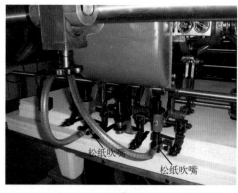

图2-10 分纸装置的松纸吹嘴

图2-11 高宝平版印刷机分纸装置的侧吹嘴

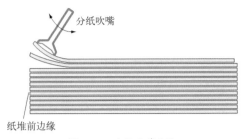

图 2-12　分纸吸嘴吸纸

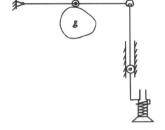

图 2-13　分纸吸嘴分纸原理

在纸张分离过程中，要保证比较好的分纸效果，必须保证纸堆上面的几张纸之间有空气存在，这样就不容易出现双张，因为，纸张要向上运动，必须有一个向上的力，那么向上的力是怎样产生的呢？空气中的任何物体表面都存在着空气压力，一般情况下空气中的压力为一个大气压，当分纸吸嘴没有吸气时，纸堆表面的压力也为一个大气压，但吸嘴在上面吸气就会造成气量减少，从而使纸张上面的空气压力低于一个大气压。而当松纸吹嘴在纸张下面往里面吹气时，下面的气量不断增多，从而在纸张的正反面产生压力差，使纸张具备了分离的可能性，所以说压差是使纸张顺利分离的主要原因。没有压差，纸张就不会分离，就不会随吸嘴一起向前运动，这就是为什么在上纸操作时需要进行松纸操作的原因。

分纸吸嘴的调节一般包括吸力的大小调节和分纸吸嘴的位置调节。调节分纸吸嘴的吸力大小时要注意，每次只能吸起一张纸，不能吸起两张纸，这样就把双张或多张故障消灭在输纸台上；调节分纸吸嘴的位置时，要注意分纸吸嘴不能和纸张成交叉状态，要吸纸张的后边缘内，对于薄纸来说，分纸吸嘴离纸堆的高度一般为 6~8mm，当印刷厚纸时，分纸吸嘴离纸堆的高度为 2~3mm。

5）压纸吹嘴的调节

压纸吹嘴由于外形像一只脚，所以又称作压脚，如图 2-14 所示，它主要有以下三个作用：

（1）压纸，当分纸吸嘴吸起纸堆最上面一张纸时，压纸吹嘴压住下面的纸堆，以防止递纸吸嘴将下面的纸张带走；

（2）吹风，当压住纸堆后，压纸吹嘴向前吹风，使分纸吸嘴分离出来的纸张完全与纸堆分离，便于输送；

（3）检测纸堆高度，当纸堆降到一定高度时，压纸吹嘴机构上的检测机构发出信号，使输纸台自动上升。

压纸吹嘴工作时必须满足如下要求：

（1）当压纸吹嘴离开纸堆表面后，应立即后退，以免挡下分纸吸嘴吸起来的下一张纸；

（2）压纸吹嘴只有压在纸堆表面上后，才能吹风，否则容易将分纸吸起来的纸张吹下来；

（3）压纸吹嘴的压纸和离开纸堆的动作应

图 2-14　压纸吹嘴

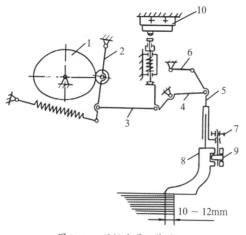

图 2-15　压纸吹嘴工作原理

1—凸轮；2—摆杆；3、5—连杆；4—摆杆；6—摆杆；
7—调节螺钉；8—压纸吹嘴；9—调节螺母；10—微动开关

近似上下运动，避免搓动纸张，而且不能干涉分纸动作，不能触动已分离纸张。

压纸吹嘴的工作原理如图 2-15 所示，当凸轮小面与滚子接触时，在弹簧的作用下，摆杆 2 带动连杆 3 左移，摆杆 4 顺时针摆动，压纸吹嘴下降到最低位置，使压纸吹嘴压在纸堆上，此时分纸吸嘴刚好吸起纸堆上面的第一张纸，然后压纸吹嘴吹风，使被吸起来的第一张纸彻底与纸堆分开。当凸轮的大面与滚子接触时，通过摆杆 2 和连杆 3 的作用，使压纸吹嘴上升到最高点。纸堆上面的纸张一张一张被分离送走后，纸堆高度会逐渐下降，当纸堆下降到一定程度时，摆杆 4 上的顶块会推动限位螺钉压缩弹簧上升，使限位触点与微动开关 10 接通，微动开关会发出输纸台自动上升信号，使输纸台自动上升，当上升到一定高度后，限位触点离开微动开关，输纸台停止上升。

调节压纸吹嘴时要保证它能起到上面介绍的三个作用，使它与分纸吸嘴的动作协调，顺利地将纸堆上面的纸张逐张输送出去。压纸吹嘴的调节包括位置调节和吹风量大小调节，调节压纸吹嘴的位置时，要注意使它压住纸张的后边缘，不能和纸张成交叉状态，压纸吹嘴伸入纸堆的距离一般在 10~12mm，压纸吹嘴与纸堆的高度大约 15mm 左右；风量大小调节要保证压纸吹嘴向纸张的间隙内（上、下两张纸之间）均匀吹气，气量不能过大，过大容易造成纸张的叼口不平，太小又不能使被吸起来的纸张彻底与纸堆分离，且压差形成困难，所以要将风量调到刚好能在上、下两张纸之间形成气垫为止。

6）递纸吸嘴的调节

递纸吸嘴的作用是将分纸吸嘴分离出来的纸张吸住，并将纸张传送给送纸辊。递纸吸嘴一般有两个以上，数量多可以使递纸平稳，尤其是输送薄纸效果更好，递纸吸嘴递纸时，要与分纸吸嘴动作相配合，完成纸张交接与递送，如图 2-16 所示。

递纸吸嘴和分纸吸嘴一样，也只能吸起一张纸，不能同时吸起两张纸。其运动轨迹是一条封闭的曲线，如图 2-17 所示，在低位 a 点吸纸后，稍许提升到 b 点，在轨迹 c 点处递纸；当纸张送给接纸辊后，回程中为了避免碰到纸张，递纸吸嘴先上升到轨迹高点后再返回，在到达终点 d 时递纸吸嘴再次下落，准备下一次递纸。

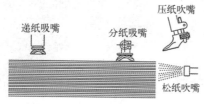

图 2-16　分纸吸嘴与递纸吸嘴的动作配合

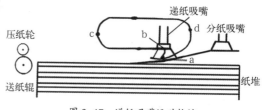

图 2-17　递纸吸嘴运动轨迹

递纸吸嘴的位置一般处在距纸堆两侧各 L/4 的地方，L 为纸宽，在这个位置递纸吸嘴吸起纸张最有利，递纸稳定性好，分离和传递纸张的效果最佳，在一些高速单张纸平版印刷机上有时采用 4 个递纸吸嘴，以便在高速印刷过程中，更好地分离和传递纸张。递纸吸嘴的调节主要是吸气量大小的调节，这需要根据纸张的厚薄来确定，印刷薄纸时吸气量要小一些，吸气量太大了容易引起双张，印刷厚纸时吸气量要大一些，太小了容易导致吸不住纸张，造成递纸不稳。

7）压纸片或挡纸毛刷的调节

压纸片或挡纸毛刷一般位于压纸吹嘴的两侧，它们有两个方面的作用：一是防止第二张纸的纸尾被吹嘴吹得太高，使压脚能准确地压住第二张纸；二是防止双张或多张，当分纸吸嘴吸起多张纸时，压纸片或挡纸毛刷将下面的纸刷下来。图 2-18 为分纸装置的压纸片，一般由有弹性的金属薄片组成。挡纸毛刷有两种形式，一种为斜挡纸毛刷，一种为平挡纸毛刷。斜挡纸毛刷的作用是在松纸吹嘴吹风时，将被吹松的纸张用刷毛支撑起来，使之持续保持吹松状态，同时还能配合分纸吸嘴分离纸张。平挡纸毛刷的作用是将被松纸吹嘴吹松的纸张控制在适当的高度，并刷下被分纸吸嘴吸起来的多余纸张，防止双张或多张故障的发生。

压纸片或挡纸毛刷的调节主要涉及到两个方面，一是伸入纸堆的距离，二是压纸片或挡纸毛刷的高低。压纸片或挡纸毛刷的位置不能往纸里边太多，否则会给分纸带来很大困难，分纸吸嘴无法吸起纸张；位置也不能太往外，因为输纸过程中有可能因为纸张本身裁切误差或闯纸技术等原因造成纸堆后边缘不整齐，若压片位置太往外，则有的纸能压下，有的纸就可能压不上了。调节其高低位置时，不能太低，如果太低，纸张后边缘被压纸片或挡纸毛刷压住，造成松纸吹嘴吹风困难，无法形成压差；位置也不能太高，太高将起不到分纸和防双张的作用。挡纸毛刷和压纸片离纸堆高度一般为 3~5mm，进入纸堆的距离薄纸为 7~9mm，厚纸为 3~5mm，如图 2-19 所示。

图 2-18　分纸装置的压纸片

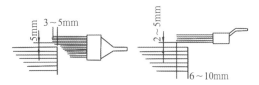

图 2-19　压纸毛刷的调节

另外，调节压纸片或挡纸毛刷的位置时，还要考虑纸张的厚薄以及纸张后边缘的整齐程度，一般来说，厚纸少压，薄纸多压；纸张后边整齐少压，不整齐多压。

8）压块的调节

分纸装置的压块一般有两个，左右各一个，以压纸吹嘴为中心左右对称放置。压块有两个功能，一是压住纸张的后边角，如图 2-20 所示，

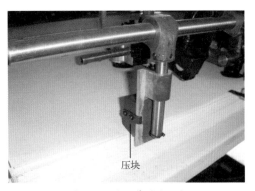

图 2-20　分纸装置的压块

防止由于吹风造成的纸张漂浮，保持纸堆整齐，同时也能够阻止纸张之间的空气外流，有利于压差的形成；另一个功能是可以作为调节分纸装置与纸堆前后相对位置的基准。

因为压块主要用来防止纸张被吹起，调节压块时，要注意压块的位置应靠近纸堆的两角，两个压块距离纸堆两侧边缘约10cm，压块杆与纸堆后边缘应有1mm的间隙，避免分纸吸嘴吸起的纸张与压块杆发生摩擦。另外，压块的重量要合适，不能太轻，太轻起不到压纸的作用；太重又可能把纸压得太紧，破坏了压差的形成条件。很多平版印刷机的压块上有四个圆孔，可放置四个钢球，四个钢球全部放上时，压块重量最大，实际操作过程中，可根据具体情况进行更换，一般来说，印刷薄纸时，压块重量不宜过大。

9）前挡纸板的调节

前挡纸板位于纸堆的前边缘，它的主要作用是保持纸堆前边缘的整齐，在松纸吹嘴吹松纸堆上面的十几张纸时，齐纸机构中的齐纸板立起来挡住被吹松的纸张，以免纸张向前错动；其次，由于分纸时纸张表面容易倾倒，前挡纸板可以使纸堆保持叼口边缘位置的整齐，而在纸张向前输送时，前挡纸板向前摆动让纸。

前挡纸板的工作原理如图2-21所示，当递纸吸嘴开始递纸时，凸轮1的小面与滚子接触，在拉簧2的作用下，摆杆3逆时针摆动，通过连杆4以及摆杆7使齐纸板6绕O轴逆时针摆动让纸，当凸轮的大面与滚子接触时，摆杆3顺时针摆动，通过连杆4以及摆杆7使齐纸板6绕O轴顺时针摆向纸堆，将被松纸吹嘴吹松的纸张理齐。

调节前挡纸板时，主要是调节它的工作位置，使它能够配合递纸吸嘴的动作，将纸张传递给接纸辊。前挡纸板的工作位置是通过调节凸轮在齐纸轴上的相对位置来实现的，应将其工作位置调节为：当松纸吹嘴开始吹风前，前齐纸板位于垂直位置，起到挡纸作用，当递纸吸嘴吸纸上升时，前齐纸板应该开始从垂直位置向送纸辊方向摆动，当纸的叼口部分经过前齐纸板的顶部时，前齐纸板往回摆动。另外，还要控制纸堆的高度，使纸堆前沿低于前齐纸板4~6mm，否则，前齐纸板起不到挡纸作用。

10）纸张的分离过程

分纸装置上的部件虽多，但并不是杂乱无章的，而是相互配合共同完成纸张的分离和输送。

首先，分纸装置上的各部件在运动上要保持一定的相互关系；其次，每个部件都要处于正常的工作状态。通过对分纸装置各部件的作用进行分析，就可推导出纸张分离和输送过程中各部件间的相互运动关系，如图2-22所示：

（1）首先，前齐纸板处于垂直位置，由松纸吹嘴吹松纸张，分纸吸嘴下落准备吸纸，压纸吹嘴开始抬起离让，而递纸吸嘴继续向前递纸，在松纸结束前放下纸张开始后移；

（2）纸张被吹松后，松纸吹嘴停止吹风，

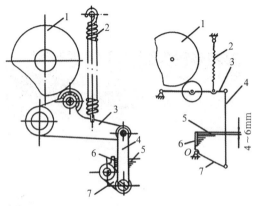

图2-21　前挡纸板工作原理
1—凸轮；2—拉簧；3—摆杆；4—连杆；5—纸堆；
6—齐纸板；7—摆杆

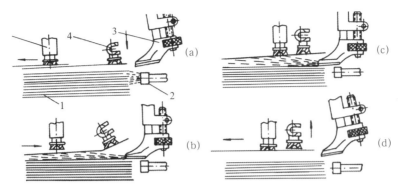

图 2-22 纸张的分离过程
1- 纸张；2- 松纸吹嘴；3- 压纸吹嘴；4- 分纸吸嘴

分纸吸嘴吸住纸张，并向上提升，压纸吹嘴开始下落，准备压住下面的纸张，递纸吸嘴继续后移；

（3）当分纸吸嘴上升到最高点时，压纸吹嘴压住被分离纸张下面的纸堆并开始吹风，递纸吸嘴继续后移；

（4）分纸吸嘴吸住纸张到达最高点后，开始下降到与递纸吸嘴的交接高度，压脚吹风继续工作，递纸吸嘴后移并逐渐下降，准备接纸；

（5）分纸吸嘴与递纸吸嘴进行纸张交接，由递纸吸嘴吸住纸张，分纸吸嘴开始放纸，压纸吹嘴继续吹风；

（6）纸张交接完后，前齐纸板向接纸辊方向摆动让纸，递纸吸嘴向前递纸，压纸吹嘴停止吹风工作，压纸轮抬起，纸张前边缘通过前齐纸板顶部时，前齐纸板回摆复位，松纸吹嘴开始吹风，进入第二个循环。

分纸装置上的其他部件都是处于连续的工作状态，分纸装置各部件以这种关系相互配合，确保纸张有条不紊地向前传递。下面再看一下各部件的正确工作状态：如果仔细观察飞达上的各部件，会发现几乎所有的调节元件都是成对出现的，以压脚为中心成对称分布，如图 2-23 所示。因此，这些部件必须工作在对称状态，即必须要遵守对称原则，对称原则包括位置对称、力量对称和调节对称。位置对称指的是相对应的两个部件前后、左右、高低三维空间上以压纸吹嘴所在的竖直平面空间对称。力量对称指的是相对应的两个部件的力度要一样，即吸气大小、吹气大小、气量的分布应呈对称状态。调节对称指的是在调节过程中，调节一个部件时，同时要考虑到其对称部件是否需要调整，应对称进行调节，对称原则是飞达处于正确工作状态的前提之一。另外需要强调的是，各部件调整的数据都不是固定不变的值，它应该根据工作的实际情况调整，这里提供的仅是

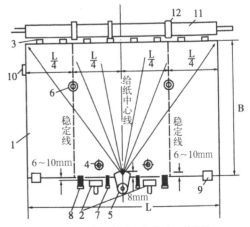

图 2-23 分纸装置各部件的工作位置
1- 纸张；2- 松纸吹嘴；3- 前挡纸板；4- 分纸吸嘴；
5- 压纸吹嘴；6- 递纸吸嘴；7- 挡纸毛刷；8- 斜挡纸毛刷；
9- 压块；10- 侧挡纸板；11- 接纸辊；12- 摆动压纸轮

参考数据。

11）输纸台升降及不停机续纸的操作

（1）输纸台升降操作

在印刷过程中，为了满足高速印刷的要求，输纸台升降机构应满足如下要求：

首先，能够自动快速升降纸堆，以便装纸和调整时缩短纸堆的运行时间，并能够自动锁定纸堆，使纸堆稳定地停在所需的位置，这样一方面可以防止纸堆快速上升时对输纸系统飞达头的冲击，另一方面在堆纸台快速下降时避免撞击地面，实现纸堆自动快速升降时的限位安全。另外，还应该具备手动升降纸堆的功能，以备必要时操作。

其次，输纸系统纸堆上的纸被分纸装置不断分离后，高度会逐渐降低，为使输纸系统能连续地输纸，要求纸堆的高度能保持在规定的范围内，即保持纸堆上平面与分纸吸嘴、递纸吸嘴的距离维持在一定高度。因此，在印刷过程中，当纸堆高度不断降低时，为了防止分纸吸嘴吸不到纸，要求在印刷过程中输纸台能自动间隙上升，以保证输纸的持续性。

另外，输纸台升降还应带有自动安全互锁操作，保证纸堆自动间隙上升、自动快速升降和手动升降时不发生动作干涉。

在现代平版印刷机上，输纸台自动上升装置基本上可以分为两类，一类为间歇自动上升机构，一类为由锥形转子电机控制的自动上升和快速升降，间歇自动上升机构一般用于低速输纸系统上。

①间歇自动上升机构

输纸台间歇自动上升机构的工作原理如图2-24所示，当压纸吹嘴上的纸张高度检测机构（图2-15）中触头与微动开关接通时，发出纸堆上升信号，此时，电磁铁10吸合，在拉杆9的拉动下，使控制板12绕O轴逆时针旋转，棘爪2上的滚子1失去支撑，棘爪落入棘轮3的齿中，使摆杆4连同棘爪逆时针方向摆动，带动棘轮3转过一定角度，再通过链传动使输纸台上升一段距离。当输纸台上升到一定高度后，压纸吹嘴中的微动开关与触头断开，切开电磁铁的电路，使电磁铁脱开，控制板12在弹簧7的作用下绕O轴顺时针方向摆回，掀起滚子1，使棘爪2与棘轮3脱开，输纸台不再上升。

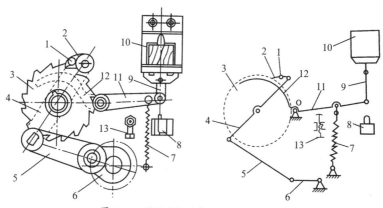

图2-24 输纸台间歇自动上升工作原理

1—滚子；2—棘爪；3—棘轮；4、11—摆杆；5—连杆；6—曲柄；7—弹簧；
8—限位开关；9—拉杆；10—电磁铁；12—控制面板；13—限位螺钉

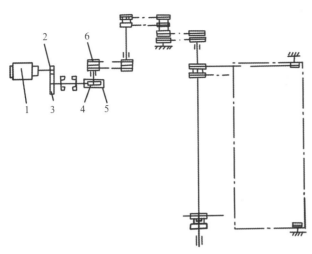

图 2-25　输纸台升降机构
1-锥形转子电机；2、3-齿轮；4-蜗杆；5-蜗轮；6-链轮

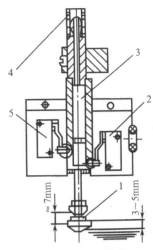

图 2-26　限位装置
1-限位触头；2-限位开关；3-气阀；
4-吸气管；5-安全限位开关

②锥形转子电机自动上升和快速升降控制机构

锥形转子电机自动上升和快速升降控制机构的工作原理如图 2-25 所示，在印刷过程中，当输纸台上的纸堆高度下降到一定距离时，压纸吹嘴的纸堆高度检测机构会接通微动开关，发出纸堆自动上升的信号，控制电路使锥形转子电机 1 瞬时转动，通过齿轮 2、齿轮 3、蜗杆 4、蜗轮 5、链轮 6 和链条的传动，使纸堆自动上升，纸堆上升一定距离后，压纸吹嘴的限位开关触头与微动开关脱开，纸堆停止上升。

为了防止输纸台快速上升时撞击飞达头，损坏飞达的部件，输纸台自动上升机构中安装有限位安全机构，限位安全机构可以由气阀限位装置进行控制。如图 2-26 所示，当纸堆快速上升至离正常输纸高度 3~5mm 时，纸堆使气阀限位装置中的限位触头 1 上升，触动限位开关 2，纸堆停止快速上升并转换成自动上升，纸堆自动上升 2~3 次后达到正常输纸高度，此时，若打开气泵，气阀 3 将上升并带动限位触头 1 上升，输纸机便可以进行正常输纸工作。如果纸堆表面超过正常工作的极限高度时，纸堆将使安全限位开关 5 触动，使电机停止转动，因而可以起到纸堆上升安全限位的作用。

当纸堆快速下降时，也安装有下降高度限位装置，一般安装在传动面墙板的下端，当纸堆快速下降到最低位置时，输纸台装置上的限位触头会触动限位开关，使电机停止转动，停止纸堆的下降，以免撞击地面，损坏输纸台。

输纸台的快速升降操作通常可通过直接按动输纸系统的操作按钮来完成，图 2-27 为北人 J2108 平版印刷机的纸堆快速升降控制按钮。

输纸台在印刷过程中每次自动上升的高度可根据纸张厚度来进行调节，如图 2-28 所示，通过改变调节螺钉的左右位置，可以调节纸堆每次自

图 2-27　纸堆快速升降控制按钮

图 2-28　输纸台自动上升高度控制

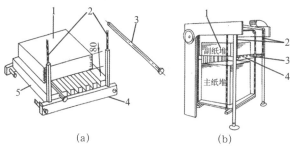

(a)　　　　　　　　(b)

图 2-29　不停机续纸装置
1-纸堆；2-副堆纸台链条；3-插辊；4-插辊架；5-托盘

图 2-30　海德堡平版印刷机不停机续纸准备

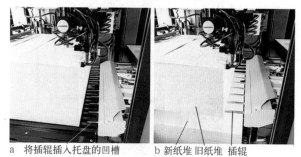

a　将插辊插入托盘的凹槽　　b　新纸堆 旧纸堆 插辊

图 2-31　海德堡平版印刷机不停机续纸过程

动上升的高度。

（2）不停机续纸操作

在高速印刷过程中，输纸台上的纸张每隔一定的时间就会印完，因此需要频繁地更换新的纸堆，为了减少印刷机续纸停机的时间，现代高速平版印刷机都安装有不停机续纸机构，其工作原理如图 2-29 所示，输纸系统采用两个堆纸台，主堆纸台和副堆纸台，分别通过两个驱动电机来控制它们的升降，堆纸台托盘上设计有凹槽，需要续纸时，将插辊插入凹槽内，并通过插辊架支撑插辊托起剩余的纸张，这样主堆纸台可以下降进行堆纸，待堆纸完成后再上升到与插辊相接触，最后抽出插辊即可实现不停机续纸。

图 2-30 与图 2-31 为海德堡平版印刷机的不停机续纸过程，当主堆纸台上的纸张剩余不多时，将插辊插入主堆纸台托盘的凹槽内，通过控制按钮控制副堆纸台上升，剩余的纸堆由插辊托住，主堆纸台的自动上升停止，转换为副堆纸台自动上升，然后通过主堆纸台控制按钮使主堆纸台下降到堆纸位置，待主堆纸台装纸完成后，通过主堆纸台控制按钮使主堆纸台快速上升，当与插辊接触时，停止上升，然后通过副堆纸台控制按钮使副堆纸台下降，使插辊架脱离插辊，副堆纸台自动上升停止，转换为主堆纸台自动上升，接着拔出副纸堆与主纸堆之间的插辊，放置在插辊架上，待下次使用，最后，通过按钮控制副堆纸台下降到最低位置，准备进行下一次换纸。

2.1.3　输送装置的调节

输送装置的作用是将飞达部分分离出来的纸张平稳、准确、无划痕地输送到前规及侧规处进行定位。单张纸平版印刷机常用的输送装置通常有两大类：一类是传送带式输送装置，如图 2-32 所示，这种类型的输送装置常用于小森和海德堡平版印刷机上，很多国产平版印刷机也采用这种类型的输送装置；另一类是真空吸气带式减速输送装置，如图 2-33 所示，三菱、高宝、罗兰平版印刷机常使用这种类型的输送装置，一些海德堡平版印刷机也采用这种类型的输送装置。

图 2-32　传送带式输纸机构　　　　　　图 2-33　真空吸气带式减速输送装置

1）传送带式输送装置的调节

传送带式输送装置由接纸辊、摆动压纸轮、送纸辊、压纸轮、张紧辊、压纸毛刷、压纸毛滚轮、传送带、传送带辊、压纸框架、压纸球、压纸片等部件组成，在有些印刷机上，接纸辊与送纸辊合二为一了，图 2-34 为传送带式输送装置的正视图和俯视图，在该输送装置中没有接纸辊，送纸辊既起到接纸的作用又起到送纸的作用。

纸张的输送过程分两段进行，首先由接纸辊和摆动压纸轮接过纸张分离机构递送给它的纸张，并以一定速度向前输送给输纸板；然后由输纸板的输纸线带及相应装置将纸张输送到定位装置。

（1）摆动压纸轮的调节

当输送装置有接纸辊时，摆动压纸轮安装在接纸辊上方，如图 2-35 所示，摆动压纸轮可进行周期性的上抬和下摆动作，下摆与接纸辊接触时，利用与接纸辊之间的摩擦力来实现接纸，当递纸吸嘴递过来的纸张叼口通过摆动压纸轮与接纸辊的接触点时，摆动压纸轮下摆压住纸张，此时，递纸吸嘴放纸，纸张在摆动压纸轮与接纸辊之间靠摩擦力的作用向前传送到送纸辊的传送带上。

摆动压纸轮的工作原理如图 2-36 所示，安装在输送装置凸轮轴上的凸轮 1 随轴旋转运动，当其升程弧面与滚子 2 接触时，推动摆杆 3，使螺钉 5 逆时针转动而顶动摆杆 7 使摆动压纸轮 11 上摆让纸；当凸轮 1 的回程弧面与滚子接触时，在拉簧 4 的作用下，摆杆 3、螺钉 5 顺时

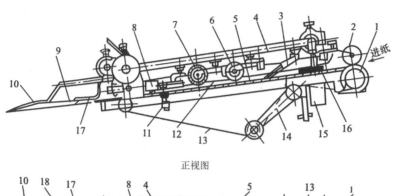

正视图

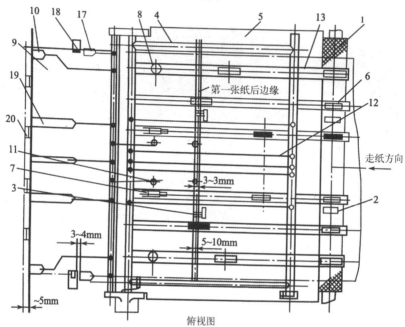

俯视图

图 2-34　传送带式输送装置正视图与俯视图

1- 送纸辊；2- 压纸轮；3- 压纸毛刷；4- 压纸框架；5- 输纸板；6- 压纸滚轮；7- 压纸毛滚轮；
8- 压纸球；9- 递纸牙台；10- 压纸片；11- 吸气嘴；12- 杆；13- 传送带；14- 张紧臂；15- 阀体；
16- 卡板；17- 侧规压纸片；18- 侧规拉板；19- 前压纸片；20- 前规

图 2-35　输送装置的摆动压纸轮与接纸辊

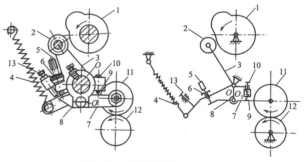

图 2-36　摆动压纸轮工作原理

1- 凸轮；2- 滚子；3、7- 摆杆；4- 拉簧；5- 螺钉；6- 螺母；8- 支撑座；
9- 弹簧；10- 调节螺钉；11- 摆动压纸轮；12- 接纸辊；13- 定位螺钉

针摆动，通过弹簧 9，使摆动压纸轮 11 下落压住纸张，此时递纸吸嘴放纸，纸张在摆动压纸轮与接纸辊 12 之间靠摩擦力的作用向前传送到送纸辊上。

摆动压纸轮的调节包括它与接纸辊之间的压力调节和接触时间调节。调节螺钉 10，通过弹簧 9 可以调节摆动压纸轮 11 与接纸辊之间的压力；通过螺钉 5 可以微调单个摆动压纸轮下落与接纸辊的接触时间，使递纸吸嘴送纸到接纸辊中心以后，吸气刚断开，纸张下落的瞬间正好是摆动压纸轮开始下落到与输纸轴接触的瞬间，早晚必须合适，否则就会引起输纸故障。

（2）输纸板各部件的调节

如图 2-37 所示，输纸板部分由送纸辊、压纸轮、毛刷滚轮、输纸布带、压纸框架等部件组成。

输纸板上压纸轮的作用就是使纸张与输纸布带之间可靠地接触，产生足够的摩擦，使纸张向前运动。在图 2-37 中，输纸板上的压纸轮有 10 个，调节压纸轮要注意两个原则，一是对称性原则，包括位置的对称和压纸力的对称，二是要注意纸张之间的衔接关系，即要考虑输纸步距。当接纸辊上的摆动压纸轮离开接纸辊后，输纸板上的压纸轮应该压在纸张上。当纸张叼口部分碰到前规时，压纸轮压纸的点应该压在纸张的纸尾或距离纸张 2~3mm。压纸轮的压纸力必须调节合适，否则会出现输纸故障，调节时，首先使压纸轮与输纸布带的中心线对齐，使压纸轮与输纸布带线速度方向一致，然后松开锁紧螺母，根据纸张的厚薄调节螺钉，改变弹簧钢片压在滚轮轴芯上的压力，以获得适合传送纸张的摩擦力，如图 2-38 所示。压纸力可以通过手感检查，当输纸带通过摩擦力将压纸轮带转时，如果用手指轻轻触碰滚轮就能使其停止转动，就表示压纸轮的压力比较合适，一般来说，当印刷厚纸时要适当加大压力，印刷薄纸时，则适当减小压纸力。压纸轮的压纸力调节一定要保持对称，否则容易引起歪张输纸故障。

毛刷滚轮的作用主要是防止纸张定位后回弹，因此一般都将其安放在纸张尾部，当纸张输送到前规时，毛刷滚轮对纸张有一个轻微的摩擦推力，使到位不准或回弹的纸张继续靠向前规。毛刷滚轮对纸张的压力可以通过弓形弹簧片的变形加以调节，但毛刷轮对纸张的压力不能太大，以免影响侧规对纸张的拉动。

压纸框架主要起着支撑压纸轮、毛刷滚轮等其他压纸或挡纸部件的作用。另外，压纸框的前端都装有安全杠，防止异物和破碎纸张进入机器。压纸框架的位置一般在使用过程中不能调节，现在有很多平版印刷机上已经取消了压纸框架，仅仅通过输纸布带来控制。

图 2-37　输纸板各部件图示

图 2-38　压纸轮压纸力的调节

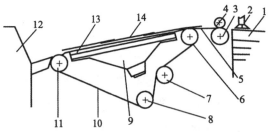

图 2-39 真空吸气带式输送装置
1-纸堆；2-吸嘴；3-接纸辊；4-摆动压纸轮；5-过桥板；
6-接纸辊；7、8-张紧轮；9-吸气室；10-输送带；
11-线带辊；12-印刷色组；13-输纸板；14-纸张

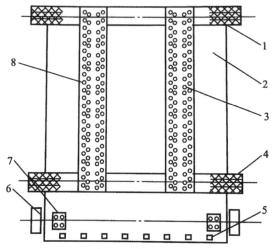

图 2-40 真空吸气带式输送装置俯视图
1-送纸辊；2-输纸板；3-吸气带；4-线带辊；5-吹气口；
6-侧规；7-辅助吸起轮；8-吸气带

输纸板的作用就是支撑布带传送纸张，因而要求输纸板表面不能有破坏摩擦传动的因素存在，即表面要平整光滑，如果表面严重不平，就会划坏纸张的表面。由于现代平版印刷机的输纸板都采用钢制材料，因此，输纸板还可以用来消除静电。

2）真空吸气带式输送装置的调节

为了适应印刷机高速发展的要求，国外许多先进的平版印刷机上采用了真空吸气带式输送装置。图 2-39 为真空吸气带式输送装置的工作原理，递纸吸嘴送过来的纸张通过接纸辊、过桥板传送到输纸板上，输纸板的吸气带在输纸板上运动，它通过气流来吸住纸张，直接输送到定位装置进行定位。

图 2-40 为罗兰 700 平版印刷机真空吸气带式输送装置，它有两条吸气带。采用这种输送装置，完全去掉了传送带式输送装置输纸板上的压纸框架，大大简化了输送装置的结构，操作与调节起来更加简单、方便，而且输纸更加准确、平稳。图中吹气口 5 的作用是通过吹气使纸张叼口部分能够平稳地进入前规定位，辅助吸气轮帮助纸张以更平稳的方式到达前规处定位。

真空吸气带式输送装置的调节比较简单，主要是调节吸气量，以适应不同厚度的纸张，对于厚纸来说，吸气量需大一些，薄纸则小一些。

3）双张检测装置调节

在纸张输送过程中，由于分纸装置调节不当，或者纸张带静电发生黏连等原因，容易发生双张或多张的输纸故障，因此，单张纸平版印刷机的输纸系统安装有双张检测装置，当出现双张故障时，双张检测装置会发出信号，使印刷机产生多个连锁动作：输纸系统停止工作，前规不会抬起让纸，防止多张纸进入印刷单元，同时，橡皮滚筒分别与印版滚筒和压印滚筒离压，摆动式传墨辊与墨斗辊脱离，并停止摆动，着墨辊抬起，脱离开印版，传水辊停止摆动，着水辊抬起，脱离开印版，递纸装置的叼纸牙回到叼纸位置时，叼纸牙张开不叼纸，印刷机计数器不计数，印刷速度也会自动下降。

需要注意的是，双张检测器的作用是检测每次从输纸系统输入的纸不能同时有两张或两张以上，而不是检测它下面是否有两张纸通过，实际正常印刷生产时，双张检测装置下面到底能允许几张纸通过，与印刷纸张的幅面以及输纸步距有关，输纸步距是指正常输纸过程中相邻两张纸叼口之间的距离，以宽 540mm 的纸张为例，假设输纸系统的输纸步距为 200mm，从图 2-41 可以看出，双张控制器下面最多允许三张纸通过，如果印刷过程中有 4 张或 4 张以上的纸通过双张控制器下方时，就会发出双张信号，使输纸系统停机。如果输纸步距不变，纸张宽度为 720mm 时，则双张控制器下面允许通过的纸张数量为 4 张。

因此，当印刷纸张幅面变化时，双张控制器下面允许通过的纸张数量也会有所变化。所以在设置双张控制器的时候要根据纸张的幅面来调节，而不是一成不变的。它可以使用简便的方法来计算，用纸张宽度除以输纸步距，如果有余数则将通过双张控制器的张数设为商值加 1，如：540/200=2 余 140，所以调节双张控制器时允许 3 张纸通过，4 张纸不允许通过。

图 2-41　双张控制器下面允许通过的纸张数量

现代平版印刷机采用的双张检测装置根据其检测原理可以分为机械式、光电式、超声波式、电容式、气动式等，其中使用得较多的是机械式和光电式。

（1）超声波双张控制器

图 2-42 为超声波双张控制器，其工作原理是：由位于纸张下部的超高频超声波发射机发射一束声波，声波引起纸张振动，因而在纸张的另一面产生一串非常小的声波，产生的声波由超声波接收装置进行检测与评估，当有两张或多张纸叠在一起时，则超声波接收装置接收的信号会变弱，甚至接收不到声波信号，从而利用输出信号的衰减来判断双张的。

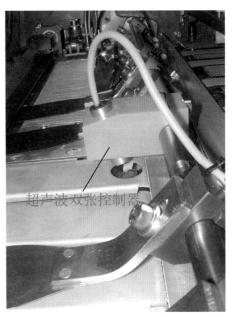

图 2-42　为超声波双张控制器

（2）光电式双张控制器

图 2-43 为光电式双张控制器示意图，光源安装在纸张的上方，光电元件装在纸张的下方，它是利用一张纸和多张纸对光的透射率不同，使光电元件接收的光强度不同来检测双张的，光电原件接受光的程度不同，产生的电流大小也不同。

在工作前，它先以一张纸的透光量为标准，存储记忆，每次给纸时都对透光量进行测试，转换成电信号，并与记忆的透光量进行比较来判断。正常输纸时，电子线路输出端无电流通过，电流继电器不工作，当有双张通过时，光电元件接收

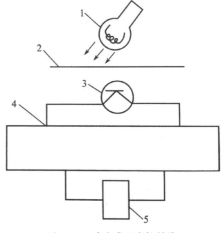

图 2-43　光电式双张控制器
1-光源；2-纸张；3-光电元件；4-电子线路；
5-电流继电器

光线强度减弱、输入情况发生变化，电子线路的工作情况也会发生变化，输出端有电流产生，继电器会发出双张信号，使输纸系统停止工作，如果是空张，则透光量为100%，也可以鉴别出来。这种双张控制器对颜色比较敏感，对于已经印刷有图案的纸张，其透光量会因印刷图像的颜色发生变化，从而会导致灵敏度下降。

（3）电容式双张控制器

电容式双张控制器是利用电容器的电容量随通过极板间的纸张数量不同而变化的原理进行工作的。如图2-44所示，它主要由极板2、电子线路3和放大器4组成。正常输纸时，放大器两端不会发出信号，当出现双张故障时，极板间纸张厚度增加，电容量会变小，通过放大器将信号放大后输出，使输纸系统停止输纸。

电容式双张控制器的特点是工作灵敏度高，不受纸张平整度影响，且对纸张的色彩不敏感。其缺点是，对于厚纸电容式检测装置有较高的灵敏度，但对薄纸，它的可靠度和灵敏急剧下降，造成检测误差。

（4）机械式双张控制器

机械式双张控制器是通过检测经过控制器下面纸张的厚度来判断双张的，因为一张纸和多张纸的厚度是不同的，因而可以根据纸张厚度变化量的大小发出控制信号，防止双张或多张的出现。机械式双张控制器分为两种类型：摆动式双张控制器（图2-45）和固定式双滚轮双张控制器（图2-46）。

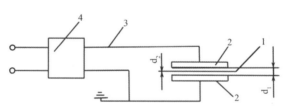

图2-44　电容式双张控制器
1-纸张；2-极板；3-电子线路；4-放大器

图2-45　摆动式双张控制器

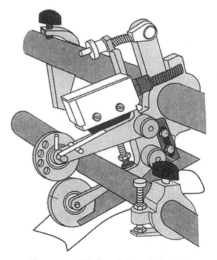

图2-46　固定式双滚轮双张控制器

摆动式双张控制器工作原理如图 2-47 所示，当分纸装置将纸张传递给接纸辊时，检测轮 2 上抬让纸，此时，凸轮 8 的大面与滚子接触，摆杆 12 通过滑座 13、螺钉 14 及支撑杆 3 使检测轮上抬，当纸张递送到接纸辊上后，凸轮小面与滚子接触，检测轮下摆压纸输送。正常印刷时，两触头之间有一定距离，当出现双张或多张后，由于检测轮下面通过纸张的厚度增加，使其上抬的高度增加，使支撑杆 3 连同螺钉 14 逆时针方向摆动一个角度，螺钉 14 向左让开滑座 13，在拉簧 7 的作用下，小摆杆 6 围绕 O_1 点逆时针转动，使两触头接触，发出双张信号，使输纸系统停机。印刷过程中，当印刷纸张厚度发生变化时，一方面需要根据纸张厚度调节检测轮与接纸辊之间的压力，另一方面需要根据双张控制器下面允许通过纸张的张数调节两触头之间的间隙。螺钉 4 可用来调节检测轮与接纸辊之间的压力，而调节螺钉 11 和 14 则用于调节两触头之间的距离。

双滚轮双张检测器的工作原理如图 2-48 所示，正常印刷时，纸张从送纸辊 1 和检测轮 3 之间通过，检测轮抬起的高度小于检测轮 3 与滚轮 5 之间的间隙，不会带动滚轮 5 转动。当出现双张或多张现象时，检测轮 3 抬起的高度超过它与滚轮 5 之间的间隙，由于摩擦作用带动滚轮 5 逆时针转动，此时滚轮上的销轴 6 将板簧 7 抬起，板簧 7 拨动微动开关上的触头 8，使电磁离合器脱开，输纸系统停止运转。调节双滚轮双张控制器时主要是调节检测轮 3 与滚轮 5 之间的间隙，可通过调节螺钉 10，使摆杆 9 绕支点摆动，当摆杆 9 逆时针摆动时，将增大检测轮与滚轮之间的间隙，顺时针摆动时，则减小检测轮与滚轮之间的间隙。

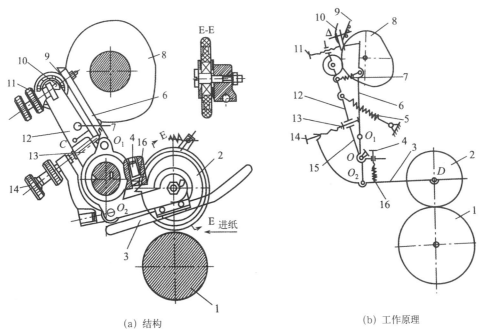

(a) 结构　　　　　　　　　　(b) 工作原理

图 2-47　摆动式双张控制器工作原理

1-接纸辊；2-检测轮；3-支撑杆；4-调节螺钉；5、7-小拉簧；6-小摆杆；8-凸轮；
9、10-触头；11、14-螺钉；12、15-摆杆；13-滑座；16-弹簧

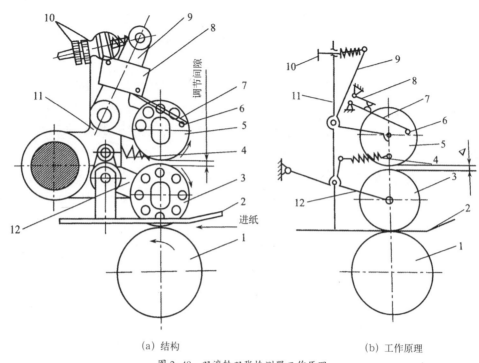

(a) 结构   (b) 工作原理

图 2-48 双滚轮双张检测器工作原理

1- 送纸辊；2- 挡纸板；3- 检测轮；4- 弹簧；5- 滚轮；6- 销轴；7- 板簧；8- 触头；9、11、12- 摆杆；10- 螺钉

2.1.4 定位装置的调节

在印刷生产中，既要保证图像印在纸张上的合适位置，还要保证同一批印刷品上图像在纸张上的位置保持一致，因此，操作平版印刷机时经常需要调节图像相对于纸张的位置，而图像相对于纸张的位置又可以通过调节印版上图像相对于压印滚筒的位置以及纸张相对于压印滚筒的位置来实现。调节印版上图像相对于压印滚筒的位置，通常需要调节印版相对于印版滚筒的位置，以及印版滚筒相对于橡皮滚筒的位置；调节纸张相对于压印滚筒的位置则是通过输纸系统定位装置的调节来实现的。

定位装置也称规矩，是单张纸平版印刷机实现图文位置调节以及套印控制的功能部件。它包括前规和侧规，前规用来对纸张的前进方向（纵向）进行定位，侧规则用来对纸张的来去方向（横向）进行定位，如图 2-49 所示。纸张的定位原理实际上是限制纸张的六个自由度，即在坐标系中沿 x，y，z 三个方向的移动和绕 x，y，z 三坐标轴的转动。纸张定位时，输纸板限制了纸张的三个自由度，前规限制了纸张的两个自由度，侧规则限制了一个自由度。前规至少需要两个，侧规一般有两个，两侧各一个，但定位时只用一个，当进行双面印刷时，印刷正面用一个，印反面时用另一个，这样可以保证正反面印刷的叼口边不变。

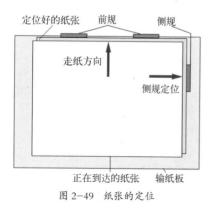

图 2-49 纸张的定位

1）前规的调节

（1）前规的组成和作用

前规一般由定位板、压纸舌、控制装置、紧固螺钉和调节螺钉组成，如图2-50所示。前规定位时，前规的定位板和压纸舌摆动到工作位置，纸张到达前规定位板完成前进方向的定位，压纸舌可以保证定位精度，使纸张平服，避免纸张定位时翘起，当纸张定位完成后，定位板又需要离开工作位置让纸使纸张通过。调节螺钉可以根据叼口大小调节前规的前后位置，并根据纸张厚度调节压纸舌高低位置。当出现歪张、空张、纸张早到等输纸故障时，控制装置可以控制前规不让纸。

（2）前规的种类

前规的分类方式比较多，按照定位板与压纸舌的组合情况可分为组合式前规和复合式前规，组合式前规的定位板与压纸舌组合为一体，复合式前规的定位板与压纸舌是分开安装的，如图2-51所示。

另外，根据前规定位时摆动中心的位置不同，还可以分为上摆式前规和下摆式前规，上摆式前规安装在输纸板的上方，如图2-52所示，下摆式前规安装在输纸板的下方，如图2-53所示。

如果将两种分类方法组合起来，前规又可分为组合上摆式、组合下摆式、复合上摆式和复合下摆式四种类型，图2-51中的两种前规分别为组合上摆式前规和复合下摆式前规。

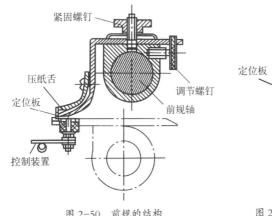

图 2-50　前规的结构

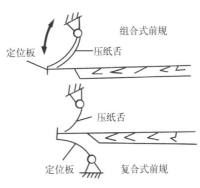

图 2-51　组合式前规与复合式前规

图 2-52　上摆式前规

图 2-53　下摆式前规

（3）前规的调节

前规的调节包括前后位置的调节和压纸舌高低的调节，前规前后位置的调节范围一般为1~1.5mm，这对印刷过程中调节图像相对于纸张的位置非常重要，如果在印刷过程中，发现纸张叼口与纸张上的规矩线不平行，且差别在前规前后位置调节范围内，就可以通过前规前后位置调节使纸张叼口边与规矩线平行，相对于通过印版滚筒上的拉版螺钉调整印版位置，使规矩线与纸张叼口平行的方法来说，这种方法要方便得多。另外，调节前规前后位置还可以改变叼口大小，但改变叼口大小时，必须同时调整两个前规的前后位置，且调整量要相等，否则会导致纸张两边的叼口大小不同，从而使纸张进入滚筒后歪斜。

前规压纸舌高低调节要根据印刷纸张厚度来定，对于薄纸，前规压纸舌高度要调低一些，压纸舌高度一般为3~4张印刷用纸的厚度，但对于厚纸来说，一般用印刷用纸厚度+0.2mm来确定压纸舌的高度，实际操作时一般用两张100g的铜版纸加上一张印刷用纸来确定压纸舌的高度。

以组合上摆式前规的调节为例，图2-54为组合上摆式前规结构简图，调节前规前后位置时，松开紧固螺钉18，拧动调节螺钉19，可以调节前规16在座架17上的位置，调节完后锁定紧固螺钉18；调节压纸舌高低位置时，由于压纸舌与前规定位板是一体的，可通过调节螺母10改变套有压簧13的连杆14的长度，通过前规轴12使前规16升高或降低，从而改变压纸舌的高低位置。

2）侧规调节

侧规是在前规对纸张定位后对纸张的来去方向进行定位，由于侧规对纸张的定位方向与进纸方向垂直，因此，侧规除了有作为定位基准的定位板和保证定位精度的压纸舌外，还有能使纸张产生横向移动到定位板的装置，即拉纸或推纸装置，而且当纸张完成定位后，拉纸装置还必须能够上抬一定高度让纸，使纸张被递纸机构取走进入印刷单元。

为了适应单面印刷机正反面印刷的套印，使正反面套印时不改变纸张的叼口边，一般平版印刷机都有两个侧规，在传动面和操作面各有一个，两个侧规结构相同，但拉纸方向相反。

侧规的种类分为推规和拉规两种。推规是通过推纸装置将纸张推向另一侧的定位板进行定位，结构比较简单，如图2-55所示，由于推规容易造成纸张的变形，当纸张比较薄时，

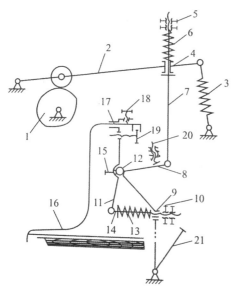

图2-54　组合上摆式前规结构简图
1—前规凸轮；2—摆杆；3—拉簧；4—滑套；5—螺母；6—压簧；7—拉杆；8—摇杆；9—缓冲座；10—螺母；11—摆杆；12—前规轴；13—压簧；14—连杆；15—顶丝；16—前规；17—座架；18—紧固螺钉；19—调节螺钉；20—限位螺钉；21—互锁机构摆杆

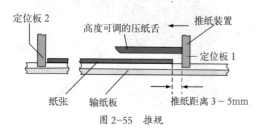

图2-55　推规

容易造成定位不准，因此，仅用于印刷幅面较小、纸张挺度高的纸张，在现代高速印刷机上已不再使用。

拉规是通过拉纸装置将纸张拉到定位板处进行定位，拉纸装置与定位板在同一侧，拉规根据其拉纸方式不同又可以分为滚轮旋转式、拉板移动式和气动式三种类型。

（1）滚轮旋转式侧规调节

滚轮旋转式侧规主要应用在国产平版印刷机上，图2-56为安装在北人08机上的滚轮旋转式侧规，通过周期性摆动运动的压纸滚轮将纸压到连续旋转的滚轮上，利用两个滚轮的摩擦力将纸张拉到侧规定位板处进行定位，其调节原理如图2-57所示。

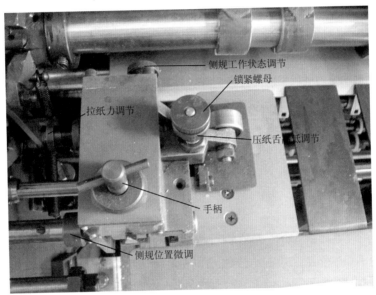

图2-56　北人08机上的滚轮旋转式侧规

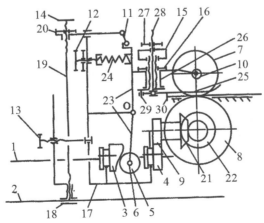

图2-57　滚轮旋转式侧规调节图

1—侧规传动轴；2—侧规安装轴；3—凸轮；4、9—齿轮；5—滚子；6、10—偏心销轴；7、8—拉纸滚轮；11—开关手轮；12、13—调节螺钉；14—手柄；15—调节螺母；16、20、27—锁紧螺母；17—侧规座；18—滑套；19—螺杆；21、22—锥齿轮；23—摆杆架；24—压簧；25—压纸舌；26—螺套；28—压纸舌调节螺杆；29—定位销；30—定位板

①侧规工作状态调节

印刷机上有两个侧规，每次只需一个侧规工作，因而需要使另外一个侧规停止工作，调节时可转动开关手轮 11，使侧规压纸滚轮和侧规矩板抬起不能下摆而停止工作，当需要它工作时，只需转回开关手轮 11 即可。

②侧规位置调节

侧规位置可进行粗调和微调，粗调时，松开锁紧螺母 20，拧动手柄 14，侧规座滑套即可在侧规支座轴 2 上来回移动，调节到合适位置后，用 14 和 20 锁住；当对侧规位置进行微调时，可通过拧动调节螺钉 13，使侧规座在轴上作微量移动。

③侧规拉纸力调节

侧规拉纸力要根据纸张幅面、厚度进行调节，调节拉纸力时，可通过调节螺钉 12 改变压簧 24 的压缩量，以改变拉纸滚轮 7 与纸张之间的接触压力。

④侧规拉纸时间调节

侧规拉纸时间是通过调整偏心销轴 6 和 10，改变当拉纸滚轮 7 压到纸张时滚子 5 与凸轮 3 脱开的间隙，间隙越大，拉纸滚轮 7 压纸时间越长，拉纸距离越大。

⑤压纸舌高低位置调节

压纸舌高低位置调节应根据纸张的厚度进行调节，一般为三张纸厚，调节时，先松开锁紧螺母 27，然后拧动调节螺母 15，使螺杆 28 上下移动，以改变压纸舌与输纸板之间的间隙，调节完后再锁紧螺母 20。

⑥侧规拉纸时间早晚的调节

侧规传动轴 1 在印刷机的传动面轴头上装有带长孔的传动齿轮，只要松开锁紧螺钉，就可以改变齿轮的圆周位置，从而改变圆柱凸轮 3 在轴上的周向位置，使侧规拉纸动作的早晚发生变化，但不会改变拉纸时间的长短，调整完后再锁紧螺钉即可。

（2）拉板移动式侧规调节

拉板移动式侧规主要安装在海德堡平版印刷机上，适合于高速平版印刷机，如图 2-58 所示，它是通过主动拉板做往复运动，压纸轮上下摆动，实现纸张横向定位的，这种侧规可减轻拉纸定位时的冲击。图 2-59 为拉板移动式侧规调节原理图。

①侧规工作状态调节

由于印刷生产过程中，只需要用到一个侧规，因此，必须让一个侧规停止工作，要使拉板移动式侧规停止工作，可通过下压

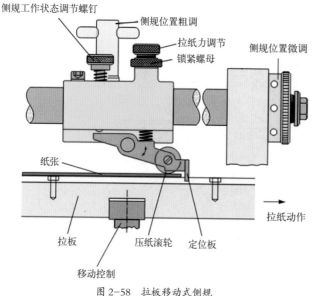

图 2-58　拉板移动式侧规

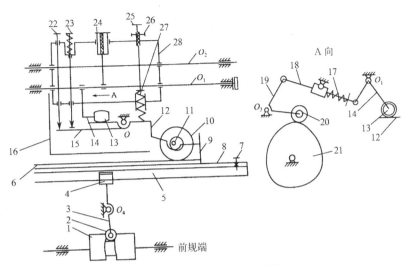

图 2-59　拉板移动式侧规调节图

1-凸轮；2-圆轮；3、12、15、19-摆杆；4、20-滚子；5-托板；6-纸张；7-紧固螺钉；8-拉板；9-定位板；
10-压纸滚轮；11-偏心轴；13-鼓形滚子；14-压板；16-压纸舌；17、27-压簧；18-连杆；21-凸轮；
22-螺栓；23-锁紧螺钉；24-锁紧手轮；25-调节螺钉；26-锁紧螺母；28-侧规体

图 2-58 中的侧规工作状态调节螺钉，使其压缩弹簧并转动 90°，使它卡在侧规体上不再抬起来，这时压纸滚轮抬起，侧规停止工作，如果要使侧规恢复工作状态，则只需反方向转动调节螺钉，使它抬起即可。

②侧规位置调节

要大范围调节侧规轴向位置时，可拧松图 2-58 中的侧规位置粗调手轮，即图 2-59 中的锁紧手轮 24，将侧规移动到所需位置，然后拧紧侧规锁紧手轮，将侧规固定好；如果需要微量调节侧规位置时，可用拨叉转动图 2-58 中的侧规位置微调螺母，微量改变侧规的周向位置。

③侧规拉纸力调节

调节侧规拉纸力时，先松开图 2-58 中的锁紧螺母（图 2-59 中的 26），然后调节拉纸力调节螺钉（图 2-59 中的 25），改变压簧的压缩程度，从而调节压纸滚轮对纸张的压力，保证每一张纸都能可靠地拉到侧规定位板位置。

④侧规拉纸时间调节

压纸滚轮 10 的轴 11 为偏心轴，转动偏心轴可调节压纸滚轮与拉板接触的早晚，调节时，先松开固定偏心轴的顶丝，再转动偏心轴，调节拉纸时间的早晚，压纸滚轮 10 上调时，拉纸时间推迟，拉纸时间缩短；压纸滚轮 10 下调时，则拉纸时间提前，拉纸时间延长。

⑤压纸舌高低位置调节

移动拉板式侧规的压纸舌 16 是固定在侧规体上的，调节时，需用专用的螺丝刀从两根侧规支撑轴下方伸到调节螺丝处，拧动调节螺丝调节压纸舌与输纸台之间的间隙，调节时，可在压纸舌下方塞入三张印刷用纸的纸条，拉动时，稍带阻力就可以了。

（3）气动式侧规调节

气动式侧规主要安装在罗兰印刷机上，其结构如图 2-60 所示，吸气板 2 装在密封的吸气

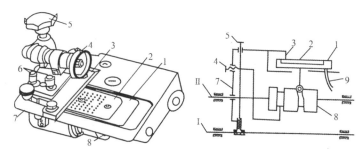

图 2-60　气动式侧规
1- 吸气托板；2- 吸气板；3- 定位板；4- 调节手轮；5- 紧固手轮；
6- 调节旋钮；7- 侧规体；8- 凸轮；9- 气管

托板 1 上，吸气托板 1 与气管 9 相通，吸气板上钻有气孔，用于吸纸。吸气托板由圆柱槽凸轮控制左右往复移动，当纸张经前规定位后，吸气板 2 吸住纸张，吸气托板在凸轮的作用下带动吸气板使纸张在定位板 3 处定位。气动式侧规易导致吸气孔堵塞，要定期清洗，可以使用高压吹风吹开堵塞的纸毛、纸粉。

气动式侧规的调节主要包括侧规吸气量大小调节、侧规拉纸量调节和侧规工作状态调节三个方面。

①侧规拉纸量调节

气动式侧规定位时，由于纸张被吸气板吸住，如果拉纸量过大容易撞坏纸张，拉纸量过小，又会造成拉纸不到位，导致定位不准。调节侧规拉纸量时，可转动调节手轮 4，使纸张被吸气托板带着移动到定位板处时，纸张边缘刚好与定位板接触，完成准确定位。

②侧规工作状态调节

由于印刷过程中，只用到一个侧规，可将另一个侧规撤离到印刷纸张的幅面以外，调节时，松开紧固手轮 5，将侧规推到远离纸张幅面以外的位置，然后拧紧紧固手轮 5，固定侧规。

③侧规吸气量大小调节

侧规吸气量大小要根据印刷纸张厚度来调节，调节时，可通过调节旋钮 6 来改变吸气板 3 的吸气量大小。

④无侧规定位技术

图 2-61　高宝无侧规定位装置

无侧规定位技术又称为虚拟式侧规，它是通过视觉系统和伺服控制系统来实现纸张的横向定位的。在传统侧规位置处已经没有了拉纸机构，而是安装了一个传感器，如图 2-61 所示，传感器用于检测纸张横向的位置信息，并反馈给控制系统，控制系统根据得到的纸张位置信息，通过伺服电机控制传纸滚筒上咬纸牙排轴向移动，完成纸张的定位。

2.1.5　递纸装置的调节

纸张在输纸板上经前规和侧规定位后，将由递纸装置传递给印刷机第一色组的压印滚筒。递纸装置将纸张逐渐加速到压印滚筒的表面线速度，并在相对静止的状态下将纸张交给压印滚筒的叼纸牙。为了保证印刷生产效率与质量，平版印刷机要求递纸装置能够快速平稳地完成纸张交接，且在递纸过程中不能破坏纸张的定位精度。

1）递纸装置分类

递纸装置按照纸张传递的方式以及结构特点可分为直接递纸、间接递纸和超越式递纸三种类型。

（1）直接递纸

采用直接递纸方式的平版印刷机实际上没有递纸装置，它是由第一色组压印滚筒上的叼纸牙直接在输纸板上取走纸张，如图 2-62 所示。

采用直接递纸方式，要求印刷机第一色组的压印滚筒安装在输纸板前端的下方，一般采用上摆式前规，而且前规和侧规对纸张的定位应安排在压印滚筒空档相应转角内进行，否则，前规将会碰到压印滚筒表面，因此，这种递纸方式要保证充分的定位时间，就必须增加压印滚筒的直径和空档大小。而且，这种递纸方式是压印滚筒在运动中直接将纸张从递纸台上取走，不是在相对静止的状态中完成纸张交接，压印滚筒叼纸牙咬住纸张后要在瞬间将纸张由零速升至印刷滚筒表面速度，对纸张冲击大，纸张容易在叼纸牙中滑落，造成传递误差，严重时甚至导致纸张叼口撕裂，因此，直接递纸方式在现代高速印刷机上已基本上不采用了。

（2）间接递纸

间接递纸方式是由专门的递纸装置将输纸台上已被定位的纸张在静止状态下叼住，然后逐渐将纸张加速至压印滚筒的表面速度，再交给压印滚筒叼纸牙排。这种递纸方式有两次纸张交接，但无论在输纸台上取纸还是把纸张递给压印滚筒的叼牙，两次纸张交接都是在相对静止的条件下进行的。采用这种递纸方式，纸张在前规处定位时间的长短与滚筒的空档没有关系，而且对纸张的冲击小，递纸比较平稳。

间接递纸装置可以分为摆动式递纸装置、旋转式递纸装置和静止辊递纸装置。

①摆动式递纸装置

递纸装置从输纸台静止咬纸，加速递送给压印滚筒，然后再摆回输纸板咬纸，这种递纸

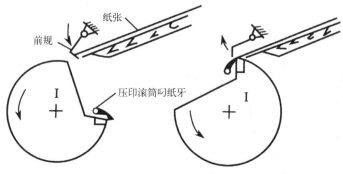

图 2-62　直接递纸装置

装置称为摆动式递纸装置。摆动式递纸装置按照其相对于输纸板的位置可分为上摆式递纸装置和下摆式递纸装置。上摆式递纸装置是在输纸板上面将纸张递给压印滚筒，而下摆式递纸装置则是在输纸板下面将纸张递给压印滚筒。

上摆式递纸装置又可以分为定心上摆式和偏心上摆式两种类型。定心上摆式递纸装置的递纸牙递纸时，是围绕一个固定的轴心做往复摆动，工作行程和返回行程的运动轨迹相同，只是运动方向相反，图 2-2 中的递纸装置就属于定心上摆式递纸装置。由于定心上摆式递纸装置的递纸牙回程与工作行程的运动轨迹相同，递纸牙将纸张传递给压印滚筒后，必须等压印滚筒工作表面全部通过交接线后，利用压印滚筒空档返回到输纸板，并进行静止取纸，然后再加速传递到与压印滚筒交接位置，整个过程都必须在压印滚筒空档通过交接线的时间内完成，递纸牙在非工作时段有一个远停期，否则，递纸牙就会碰到压印滚筒表面。因此，采用定心上摆式递纸装置，要求压印滚筒的空档比较大，这种递纸装置一般只在低速平版印刷机上采用。

偏心上摆式递纸装置递纸牙的摆动轴安装在偏心套内，摆动的轴心是动轴心，如图 2-63 所示，在偏心套的控制下，当递纸装置的递纸牙在递纸台静止取纸并加速传递给压印滚筒的过程中，递纸牙摆动中心处于较低的位置，当递纸牙与压印滚筒完成纸张交接并开始返回时，偏心套使递纸牙摆动中心提升，这样递纸牙不必等压印滚筒空档来到就可以提前返回，且不会碰到压印滚筒表面，递纸牙的工作行程与返回行程轨迹不重合，采用这种递纸装置，压印滚筒的空档和直径均可以缩小，因而常用于高速平版印刷机上，北人 J2108 机就采用了这种类型的递纸装置。

图 2-64 为下摆式递纸装置，它在递纸装置中多设置了一个偏心传纸滚筒，以解决递纸牙回程躲避压印滚筒表面的问题，偏心传纸滚筒的大面半径与压印滚筒半径相等，这样可以保证传纸滚筒可以准确地与递纸牙完成纸张交接，并等速传递给压印滚筒，而当递纸牙摆臂向递纸牙台摆动时，正好从传纸滚筒的低面通过，这样不会碰到传纸滚筒表面，递纸牙可以提前平稳返回，进行提前接纸，因而可以很大程度上提高印刷机纸张交接的稳定性以及印刷生产效率。定心下摆式递纸装置是一种比较理想的递纸机构，比较适合高速平版印刷机，在现代平版印刷机上被广泛采用，如北人的 PZ4880-01、BEIREN300、三菱 D3000、海德堡 CD102、罗兰 700、KBA150 等印刷机上都采用了这种递纸装置。

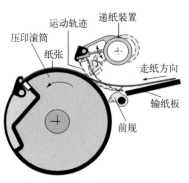

图 2-63　偏心上摆式递纸装置

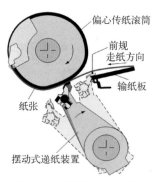

图 2-64　下摆式递纸装置

②旋转式递纸装置

由于摆动式递纸装置的主运动是往复运动，高速印刷时惯性较大，容易产生振动，影响套印的精度，随着平版印刷机速度的不断提升，很多高速平版印刷机采用了旋转式递纸装置，旋转式递纸装置将递纸牙安装在递纸滚筒上，以递纸滚筒匀速旋转运动为主运动，递纸牙既可以绕摆动中心旋转，也会随递纸滚筒一起匀速旋转，递纸牙在输纸板取纸时，绝对速度为零，递纸牙与压印滚筒交接纸张时，相对速度等于压印滚筒表面线速度，即在相对静止中交接纸张。旋转式递纸装置根据递纸滚筒的运动形式可以分为连续旋转式和间歇旋转式两种类型。

图 2-65 为连续旋转式递纸装置，安装在递纸滚筒上的递纸牙可以随递纸滚筒匀速旋转，同时又可以做自身的摆动运动，递纸滚筒与压印滚筒转速大小相等，方向相反，旋转式递纸装置的递纸牙摆臂减小，降低了惯性力的冲击和振动，递纸比较平稳，这种递纸装置已应用在海德堡平版印刷机上。

旋转式递纸装置的工作原理如下：

图 2-65a 所示为递纸牙摆臂在凸轮的控制下，摆动到极限位置准备做逆时针方向摆动；

图 2-65b 所示为递纸牙摆臂迅速逆时针摆动速度达到最大值，速度等于递纸滚筒表面线速度，但方向相反，即递纸牙绝对速度为零，在输纸板前规处零速取纸；

图 2-65c 所示为递纸牙叼住纸张后，递纸牙摆臂继续做逆时针方向摆动，但摆动速度逐渐减小，随递纸滚筒向交接位置旋转；

图 2-65d 所示为递纸牙与压印滚筒处于交接纸张位置，此时，递纸牙摆臂停止摆动，递纸牙的速度等于压印滚筒表面的线速度，递纸牙与压印滚筒叼纸牙在相对静止的状态下完成纸张交接，纸张交接完后，将进入下一个工作循环。

图 2-66 为间歇旋转式递纸装置，递纸牙是由槽轮间歇机构控制做间歇转动，压印滚筒上装有两排叼纸牙，其直径是传纸滚筒的两倍，传纸滚筒与回转盘的传动比为 1：3，回转盘有 3 个拨销，槽轮转盘上有 5 个槽，槽轮转盘与递纸滚筒的传动比为 5：2。在递纸工作中，压印滚筒转 1 周，传纸滚筒将转 2 周，当传纸滚筒转 1 周时，回转盘转 1/3 周，槽轮转盘转 1/5 周，递纸滚筒转 1/2 周，递纸滚筒上装有两排咬纸牙，递纸滚筒每转半周，其中一副牙排从输纸板取纸，并经过传纸滚筒交给双倍径压印滚筒，完成一次纸张的传递。这种递纸装置完全去除了摆动运动，如果印刷速度为 18000 张 / 小时，而递纸滚筒的转速只有 9000 张 / 小时，槽轮转盘的速度只

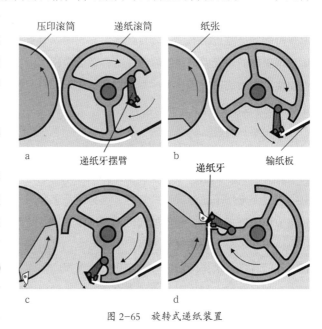

图 2-65　旋转式递纸装置

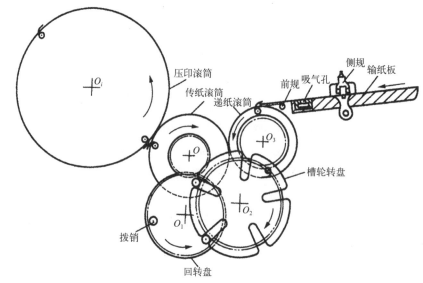

图 2-66　间隙旋转式递纸装置

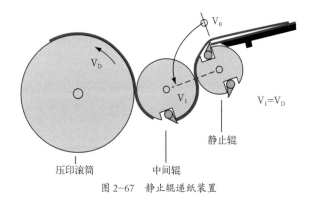

图 2-67　静止辊递纸装置

有 3600 张 / 小时，回转盘的转速则只有 6000 转 / 小时，因而，采用这种递纸装置可提高递纸的稳定性，该递纸装置已经应用在高宝的平版印刷机上。

③静止辊递纸装置

静止辊递纸装置是高宝平版印刷机采用的一种递纸机构，如图 2-67 所示，该递纸装置由一个静止辊和一个中间辊即传纸辊组成，静止辊上装有两排叼纸牙，静止辊的一副牙排在绝对静止的状态下从输纸板上取纸，然后迅速加速到与压印滚筒一样的速度后，将纸张传递给传纸滚筒，再由传纸滚筒传递给压印滚筒。静止辊将纸张交接给传纸滚筒后，在另一副牙排到达输纸板时，速度将为零，由另一幅叼纸牙在绝对静止状态下取纸，进行下一张纸的传递。

（3）超越式递纸装置

间接递纸装置虽然递纸平稳，但将纸张从输纸板传递给压印滚筒需要两次甚至两次以上的纸张交接，难免会产生递纸误差而影响纸张定位精度，为了克服这一缺点，在一些高速平版印刷机上采用了超越式递纸装置。这种递纸装置的递纸原理是，当纸张在输纸板经过前规预定位和侧规定位后，利用加速机构将纸张加速并使其速度超过压印滚筒的表面速度，将纸张推到压印滚筒上的前规处进行第二次定位，再由压印滚筒的叼纸牙叼住纸张进行印刷。超越式递纸装置将纸张的前进方向定位安排在压印滚筒上，纸张从输纸板到压印滚筒叼纸牙只有一次纸张交接，累计误差小，不会破坏纸张的定位精度，而且，无摆动，无冲击振动，有利于提高印刷质量。

超越式递纸装置按照加速机构的不同有摩擦辊式、吸气带式和吸气辊式三种类型。

①摩擦辊式递纸装置

图 2-68 为摩擦辊式递纸装置工作原理图，纸张在输纸板完成前规和侧规定位后，在两个递纸滚轮的摩擦力作用下，快速送入到压印滚筒的定位板进行第二次定位，定位完成后，压印滚筒叼纸牙叼住纸张进行印刷，这时上递纸滚轮上摆放纸。摩擦辊式递纸装置结构简单，但易蹭脏纸张，德国米勒和一些国产平版印刷机上采用了这种递纸装置。

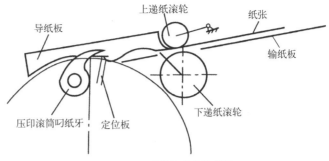

图 2-68　摩擦辊式递纸装置

②真空吸气带式递纸装置

图 2-69 为真空吸气带式递纸装置工作原理图，在递纸过程中，纸张先在输纸板经前规预定位和侧规定位，安装在输纸板下方带孔的吸气带被抽成真空并旋转，利用负压将纸张吸住并加速往前传递，将纸张送到压印滚筒定位板进行第二次定位，纸张定位后，压印

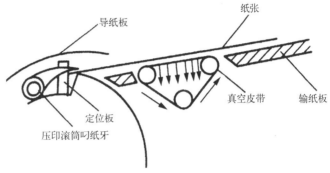

图 2-69　真空吸气带式递纸装置

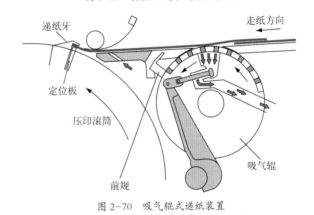

图 2-70　吸气辊式递纸装置

滚筒叼纸牙叼住纸张进行印刷，这时，吸气带真空释放，松开吸住的纸张。真空吸气带式递纸装置最大的优点是可以有效地防止印刷图文蹭脏。

③吸气辊式递纸装置

图 2-70 为吸气辊式递纸装置工作原理图，吸气辊有半圈通真空，半圈不通真空，吸气辊的表面线速度要高于压印滚筒的表面线速度。纸张在输纸板上经前规预定位和侧规定位后，由吸气辊利用真空吸住纸张，并加速送到压印滚筒的前规定位板进行第二次定位，同时压印滚筒的叼纸牙叼住纸张进行印刷，此时，吸气辊不通真空的半圈与纸张接触，放开纸张。

2）递纸装置调节

递纸装置的调节一般包括纸张交接位置和交接时间的调节，以及递纸牙垫高度的调节和递纸牙叼纸力的调节等几个方面，这里以北人 J2108 平版印刷机安装的偏心上摆式递纸装置为

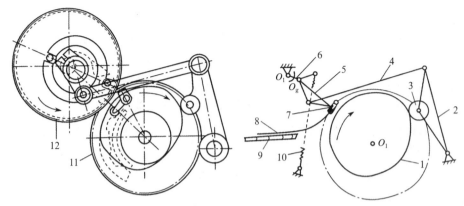

图 2-71   偏心上摆式递纸装置原理图

1- 凸轮；2- 摆杆；3- 滚子；4、5- 连杆；6- 偏心套；7- 递纸牙；8- 纸张；9- 输纸板；10- 拉簧；11、12- 齿轮

例，介绍递纸装置的调节方法。

图 2-71 为 J2108 平版印刷机偏心上摆式递纸装置原理图，递纸牙摆动轴安装在两侧墙板孔内的偏心套里，递纸牙由装在压印滚筒轴头的凸轮 1，通过滚子 3、摆杆 2 和连杆 4 驱动递纸牙完成与输纸板和压印滚筒周期取纸和递纸的摆动运动，当递纸牙回程时，递纸牙摆动中心提高，从而不会碰到压印滚筒工作表面。

（1）递纸牙纸张交接位置的调节

在印刷过程中，递纸牙有两个工作位置需要调节，一个在前规处接纸的工作位置，一个是与压印滚筒交接纸张的工作位置。

①递纸牙接纸位置的调节

调节递纸牙在输纸板的接纸位置时，须在纸张经过前规和侧规定位后进行，点动机器使递纸牙摆动到前规处停止，然后调节靠山螺钉 2，如图 2-72 所示，使其靠住递纸牙排轴上的定位块 3，此时凸轮 4 的曲面低点与滚子 5 相对应，且二者之间应有 0.03~0.1mm 的间隙，调节时，要注意使机器两边的靠山螺钉和定位块靠住的时间和受力大小保持一致，然后根据递纸牙的叼纸位置调节前规定位板，使其与叼纸线平行，且保证递纸牙叼纸距离在 6~8mm 之间。

②递纸牙与压印滚筒叼纸牙交接位置的调节

递纸牙与压印滚筒叼纸牙交接位置在机器出厂时已经调好，在操作中一般不用再调节，但当机械磨损严重造成振动而影响套印精度，需要对印刷机进行维修更换新的零件时，则需要进行调节。调节时应以压印滚筒的叼纸牙为基准，交接位置应在压印滚筒和递纸牙排运动轨迹的切点处，这个位置称为平版印刷机的"0"位，在这个位置应使递纸牙片顶端比压印滚筒前边口平面超前距离 0.5~1.5mm，如图 2-73 所示。具体调节方法如下：首先使压印滚筒和递纸牙排摆动轴的偏心套均处于"0"位，然后取下递纸牙排摆动轴 25 与递纸牙排架 3 之间的定位销 5，如图 2-74 所示，并拧松紧固螺钉 4，这时可调节递纸牙排的位置，使递纸牙 10 与压印滚筒的前沿边口的间隙符合 0.5~1.5mm 的要求，将图 2-72 中的滚子 5 靠紧凸轮 4 的"0"点，再拧紧图 2-74 中紧固螺钉 4，并插上定位销 5 即可。

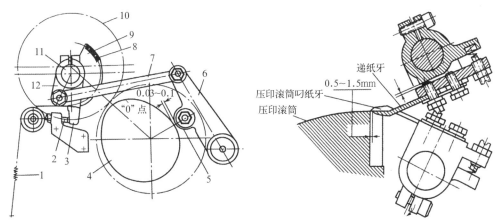

图 2-72 递纸牙接纸位置调节

图 2-73 递纸牙与压印滚筒位置关系图

1- 弹簧；2- 靠山螺钉；3- 定位块；4- 凸轮；5- 滚子；6、12- 摆杆；
7- 连杆；8- 链条；9- 定位摆杆；10- 齿轮；11- 偏心套

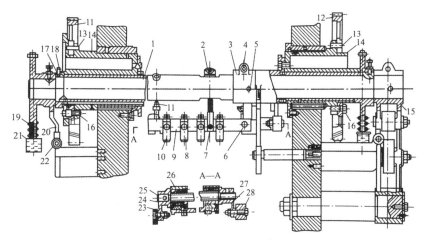

图 2-74 偏心上摆式递纸牙排结构

1- 递纸牙排轴；2- 调节螺母；3- 递纸牙架；4- 紧固螺钉；5、13- 定位销；6、16、22- 螺钉；7- 调节杆；
8- 递纸牙垫；9- 牙垫板；10- 递纸牙；11、12- 齿轮；14- 偏心套；15- 连杆；17- 圆螺母；18- 顶丝；
19- 链条；20- 支架；21- 弹簧；23、28- 滚子；24、27- 摆臂；25- 轴；26- 轴承

（2）递纸牙垫高度调节

调节递纸牙垫高度时，以压印滚筒牙垫高度为基准，在印刷机处于"0"位置时，使递纸牙垫与压印滚筒牙垫的间距为印刷纸张厚度再加 0.2mm。调节时，可用 0.2mm 厚的钢片平放在压印滚筒牙垫上，然后再调整递纸牙垫，使它轻靠钢片，以既无间隙又不使钢片弯曲变形为宜。

如图 2-74 所示，调整递纸牙垫高度时，先松开牙垫板 9 和递纸牙架的螺钉 6，转动调节螺母 2，两边同时转动调节杆 7，改变牙垫板 9 的高度，当两边调节一致时，锁紧螺钉 6 即可。

（3）递纸牙与前规、压印滚筒的纸张交接时间调节

递纸牙与前规的纸张交接是在绝对静止状态下进行的，图 2-75 为递纸牙开闭装置，凸块推动递纸牙的摆动滚子使递纸牙张开，到达取纸位置时，有一段稳定时间，等纸张定位完成后，递纸牙闭合叼住纸张。递纸牙与前规的纸张交接时间为 3°，相当于压印滚筒转过 8mm 左右。如果交接时间不符合要求，可以松开紧固螺钉，通过改变凸块的周向位置来调节交接时间，

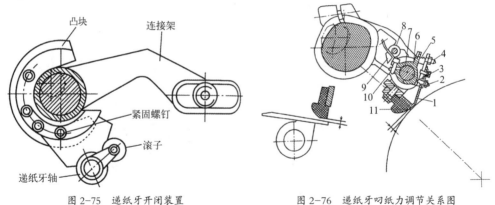

图 2-75　递纸牙开闭装置

图 2-76　递纸牙叼纸力调节关系图
1- 叼纸牙片；2、4- 调节螺钉；3- 螺钉；5- 压簧；6- 牙箍；
7- 递纸牙轴；8- 定位螺钉；9- 定位块；10- 紧固螺钉；11- 牙垫

调节合适后再拧紧紧固螺丝即可。

递纸牙与压印滚筒叼牙的纸张交接是在相对静止状态下进行的，交接时间为 1°~3°，相当于压印滚筒表面转过 3~4mm，即压印滚筒与递纸牙共同叼纸进行 3~4mm。递纸牙与压印滚筒叼牙的纸张交接过长容易撕破纸边，太短又容易造成纸张交接不稳。调节时，先松开凸块与连接架的紧固螺钉，移动凸块进行调节，调好后再拧紧紧固螺钉就可以了。

（4）递纸牙叼纸力的调节

叼纸力是指叼纸牙片与牙垫之间的压力，它是由递纸牙轴的牙箍压缩弹簧使叼纸牙片紧靠牙垫而产生的。图 2-76 为叼纸牙叼纸力调节关系图，叼纸牙的叼纸力大小可以通过松开紧固螺钉 10，调节递纸压轴和牙箍的相对位置，通过改变压簧的压缩量进行粗调，也可以通过转动调节螺钉 4 改变压簧的压缩量来进行微调。

调节叼纸牙叼纸力时，要在每个递纸牙垫高度一致的基础上完成，调节时，点动机器到叼纸牙叼纸位置，在定位块 9 和定位螺钉 8 之间垫入 0.25mm 厚的纸片，然后松开所有叼牙的紧固螺钉 10，使每个叼纸牙片以一定的压力靠住牙垫，再拧紧紧固螺钉 10，用 0.1mm 厚的牛皮纸夹入每个叼牙和牙垫之间，拉动纸片，稍微用力能拉动即可，此时从中间向两侧通过调节螺钉 4 调节每个叼纸牙的叼纸力，使所有叼纸牙叼住牛皮纸的拉力基本一致，并保证每个叼纸牙上调节螺钉 2 与牙箍平面间的间隙为 0.2mm，使每个递纸牙张开时间一致；调节完后，撤去定位块 9 与定位螺钉 8 之间的纸片即可。

2.2　收纸系统的调节

单张纸平版印刷机的收纸系统是将印刷完的印张整齐地收到堆纸台上，以便运走进行裁切、折页或模切等后续加工。为了保证印刷生产效率和收纸质量，收纸系统必须适应高速印刷，即在印刷机高速印刷状态下将纸张堆放整齐，并能够在高速印刷状态下安全取样张，还能够实现不停机收纸，以减少停机时间和停机次数，更重要的是在收纸过程中不能蹭脏印刷画面，影响印刷品外观质量。

2.2.1 收纸系统的基本结构

1）收纸形式

单张纸平版印刷机收纸系统按照收纸容量可分为高台收纸和低台收纸两种形式。高台收纸如图 1-25 所示，纸堆堆放高度可达到 1000mm 左右，看样取样方便，停机换堆纸台次数少；低台收纸系统如图 2-77 所示，收纸台低于压印滚筒，收纸堆高度一般不超过 600mm，否则，印刷机整体高度就会增加，不方便进行印版安装、橡皮布清洗等方面的操作。

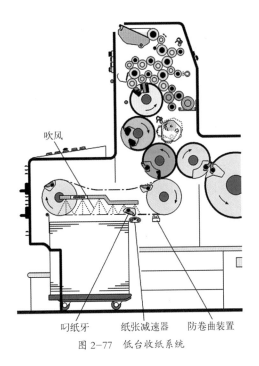

图 2-77 低台收纸系统

2）收纸系统的结构

单张纸平版印刷机的收纸系统一般由收纸滚筒、纸张传送装置、干燥装置、喷粉装置、理纸装置、减速装置、防污装置、收纸台等几部分组成，如图 2-78 所示。

（1）收纸滚筒

收纸滚筒一般安装在压印滚筒的斜下方，与压印滚筒转速相同，但旋转方向相反，在收纸滚筒的轴端固定有收纸链轮，由链轮驱动收纸链条，完成印张的传送。由于印张在交接过程中，其印刷面朝向收纸滚筒表面，为防止印刷面蹭脏，在收纸滚筒表面应设有防蹭脏装置，现代平版印刷机收纸滚筒上的防污装置有很多种形式，国产平版印刷机一般采用装有滑轮杆、星形轮或玻璃球布的收纸滚筒，海德堡平版印刷机则采用骨架式收纸滚筒，而罗兰平版印刷机则采用气垫式收纸滚筒。图 2-79 为 J2108 型平版印刷机收纸装置的防蹭脏装置，收纸滚筒上安装有 9 根防蹭脏杆，在每根杆上装有 9 个橡胶托纸轮，可以根据印刷画面空白位置调节托纸轮的位置。

（2）纸张传送装置

纸张传送装置的作用是将最后一色压印滚筒上印刷完毕的印张传送到收纸台上，现代平版印刷机一般采用链条传送装置，传送链条上安装有多组收纸牙排，链条由两个收纸链轮带动，在链条脱离链轮的切点处，为减小冲击应设置链条导轨，如图 2-80 所示，链条导轨由直线部

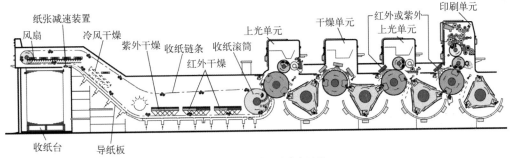

图 2-78 收纸系统的基本结构

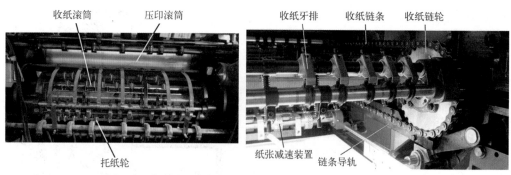

图 2-79　J2108 型平版印刷机的收纸滚筒　　　　图 2-80　链条传送装置

分与缓和曲线两部分组成，有效地减小了冲击。

（3）喷粉装置

在平版印刷过程中，为了防止印刷完毕的印张在收纸时产生背面蹭脏现象，很多高速平版印刷机的收纸系统安装有喷粉装置，图 2-81 为海德堡印刷机的喷粉装置，可在印张的正面和背面喷上薄薄的一层粉末，使收纸时相连的两个印张图像不能完全接触，可以防止背面蹭脏情况的出现。

（4）干燥装置

为了加快油墨的干燥速度，在有些平版印刷机的收纸系统中还设置有干燥装置，如热风干燥、红外干燥和紫外干燥，有的平版印刷机同时采用多种干燥装置，图 2-82 为海德堡印刷机采用的热风干燥和红外干燥组合模块，该干燥装置采用气垫式导纸板在纸张和导纸板间形成稳定的气流，如图 2-83 所示，一方面可以避免蹭脏印张，另一方面可将纸张托起使之与红外线干燥装置保持一定的距离，处于安全位置。

（5）理纸装置

理纸装置的作用是从收纸链条咬纸牙排上接过印张，将纸张减速，使之平稳整齐地放在收纸台上，理纸装置包括纸张减速装置、风扇、齐纸机构、平纸器等几个部分。

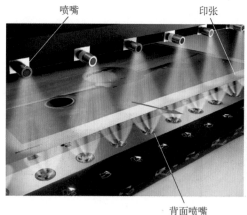

图 2-81　海德堡印刷机的喷粉装置

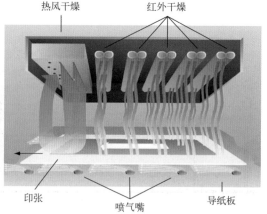

图 2-82　平版印刷机干燥装置

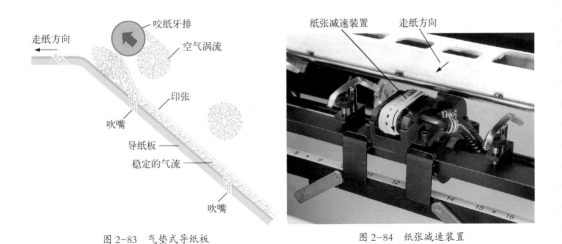

图 2-83　气垫式导纸板　　　　　　图 2-84　纸张减速装置

①纸张减速装置

高速单张纸平版印刷机的印刷速度可达到 18000 张 / 小时，收纸系统必须利用减速装置降低印张到达收纸台的速度，这样才能收齐印张，现代单张纸平版印刷机多采用气动制动辊来减缓印张运行速度，图 2-80 为 J2108 型平版印刷机的纸张减速装置，制动辊的速度比收纸链条的速度要低 40%~50%，收纸链条咬纸牙松开印张后，印张的尾部被纸张减速装置的制动辊吸住，降低了印张前进的速度。有些高速平版印刷机为了加大制动辊对印张的吸力，将制动辊做成一个小平面，吸气孔则做成一个长条，如图 2-84 所示，这样一方面增加了对印张的吸力，另一方面还加长了减速的距离，可以取得更好的减速效果。

②风扇

在收纸过程中，当收纸链条牙排松开前一印张时，要求前一印张要迅速落入收纸台，否则后一印张的叼口容易碰到前一印张的拖梢，造成收纸不稳，因此，要收齐印张，仅靠纸张减速装置还是不够的，尤其是印薄纸时，因此，现代平版印刷机的收纸系统在收纸台的上方还安装有风扇，一般为 8~12 个，如图 2-85 所示，通过风扇的加压风量快速使纸张下降，辅助纸张减速装置收齐纸张。

③齐纸机构

齐纸机构由前齐纸板、后齐纸板、侧齐纸板组成，如图 2-86 所示，其中侧齐纸板在传动机构的作用下可以往复运动，印张经过减速装置的减速后，印张的叼口到达齐纸位置，此时齐纸机构通过前齐纸板、后齐纸板、侧齐纸板将落在收纸台上的印张闯齐。当需要从收纸台上取几张印张进行随机检查时，可通过下压取样

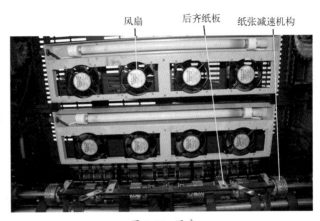

图 2-85　风扇

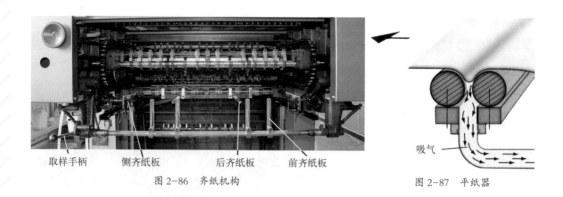

取样手柄　　侧齐纸板　　后齐纸板　　前齐纸板

图 2-86　齐纸机构

吸气

图 2-87　平纸器

手柄，使前齐纸板向外倾倒至不妨碍取纸的状态，取样结束后，上扳取样手柄，使前齐纸板恢复到挡纸齐纸的工作位置。

④平纸器

当印刷用纸比较薄时，印张印刷完毕后容易发生卷曲现象，在高速印刷状态下，很难收齐印张，为了防止这种现象发生，一些高速平版印刷机的收纸系统中还安装有平纸器，如图 2-87所示，平纸器的作用是校正印刷过程中产生的纸张卷曲，其工作原理是通过气压使纸张产生适量反向形变，校正其弯曲变形。

（6）收纸台

①自动升降机构

单张纸平版印刷机的收纸系统一般设有收纸台自动升降机构，收纸台的自动升降是由侧齐纸板上的微动开关控制，如图 2-88所示，当收纸台上的印张堆积到一定高度，触动微动开关，收纸台会自动下降一段距离，当纸堆与微动开关脱开后，收纸台停止下降。

②收纸台快速升降机构

当收纸台堆满印张后，需要将收纸台快速下降到地面，因此，在收纸系统的控制面板上设有收纸台快速升降控制按钮，如图 2-89所示，通过点动快速升降按钮，可实现收纸台的快速升降操作。

③不停机收纸机构

为了节省印刷生产过程中的停机时间，现代单张纸平版印刷机的收纸装置一般有两个收

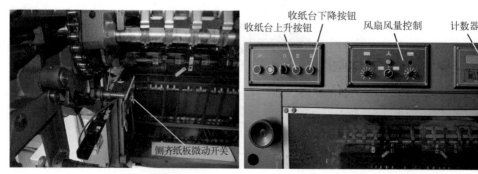

侧齐纸板微动开关

图 2-88　收纸台自动升降微动开关

收纸台下降按钮
收纸台上升按钮　　风扇风量控制　　计数器

图 2-89　收纸台快速升降控制

图 2-90 主收纸台与副收纸台

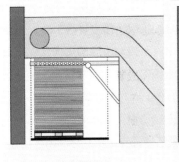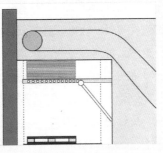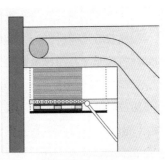

插入副收纸台　　　　印张增加时，副收纸台逐渐下降　　　　空的主收纸台上升托住纸张，撤出副收纸台

图 2-91 不停机更换收纸台

纸台：主收纸台和副收纸台，如图 2-90 所示。副收纸台有两个作用，一是可以实现不停机更换收纸台，更换过程如图 2-91 所示；另一个作用是在印刷精细印刷品时，为了防止背面蹭脏，可以加放凉纸架，如图 2-92 所示，为了不停机加放凉纸架，可用副收纸台临时接纸。

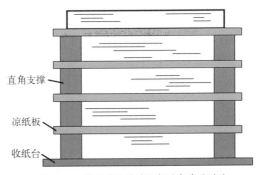

图 2-92 收纸时加放凉纸架避免背面蹭脏

2.2.2 收纸系统的调节

1）收纸链条和牙排的调节

（1）收纸链条松紧度调节

收纸链条及链轮使用时间长了，容易磨损造成链条张紧力不足，此时需要调节链条的松紧程度。收纸台上方的从动链轮的轴心位置是可调节的，图 2-93 为 J2108 型平版印刷机收纸链轮轴心位置的调节，利用套筒扳手转动调节螺母可以改变收纸链轮轴心的位置，从而调节链条的张紧度，收纸系统两侧的收纸链轮各有独立的链条松紧调节装置，调节时，要注意保持两个链条的松紧度一致。

图 2-93　收纸链条松紧度调节

（2）收纸咬纸牙与压印滚筒边口距离的调节

为了保证纸张交接时收纸牙排咬纸牙不碰到压印滚筒边口，一般要求收纸牙排咬纸牙比压印滚筒咬纸牙滞后 1mm，即纸张交接时，收纸牙排咬纸牙距离压印滚筒边口约 1mm。调整收纸牙排咬纸牙与压印滚筒边口距离，可通过改变收纸滚筒相对于传动齿轮的周向位置来调节，如图 2-94 所示，松开齿轮座上的长孔紧固螺钉，借动收纸滚筒，使收纸牙排咬纸牙与压印滚筒边口距离为 1mm，调节完后，紧固齿轮座上的紧固螺钉即可。

（3）开闭牙时间调节

在收纸过程中，从压印滚筒接纸到纸张堆放在收纸台上，收纸牙排有两次开牙和闭牙动作，收纸咬纸牙排的两次开闭牙都是由凸轮控制的，在收纸滚筒的支架上以及收纸台上方的机架上各安装有一凸轮，两者的作用和工作原理完全相同。图 2-95 为安装在收纸滚筒支架上的开闭牙凸轮，当收纸牙排轴座上的滚子与凸轮接触，滚子由凸轮的低面升至高面，在滚子的作用下，咬纸牙排开牙，此时压印滚筒咬纸牙将印张叼口边送入收纸链牙排咬纸牙中，进行纸张交接。

收纸咬纸牙的开闭牙时间可以通过移动凸轮的位置来实现，以印张达到收纸台上方时开牙时间的调节为例，当印刷速度较低时，要延迟开牙时间，否则印张就不能准确地落到收纸台上，如图 2-96 所示，可通过调节手轮使开牙凸轮向外移动（前齐纸板方向），若印刷速度加快时，

图 2-94　收纸咬纸牙与压印滚筒边口距离调节

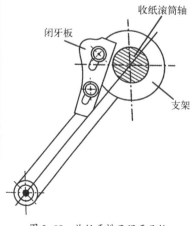

图 2-95　收纸牙排开闭牙凸轮

图 2-96　开牙时间调节

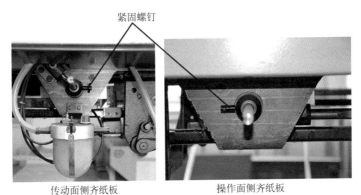

图 2-97　侧齐纸板位置调节

收纸牙排开牙后，印张惯性大，应提前开牙，应该使开牙凸轮向后移动（后齐纸板方向）。

同理，可通过收纸滚筒支架上的凸轮调节收纸咬纸牙与压印滚筒咬纸牙的纸张交接时间，收纸咬纸牙与压印滚筒咬纸牙的纸张交接时间一般为 2°，收纸咬纸牙应该在交接位置前 1°叼住纸张，压印滚筒应该在交接位置后 1°放纸，在这一过程中，收纸咬纸牙与压印滚筒咬纸牙共同控制纸张走过 3~6mm。

2）理纸装置的调节

理纸装置应根据印刷纸张的幅面进行适当调节，理纸装置的两侧齐纸板可往复运动，当侧齐纸板处于挡纸位置时，两侧齐纸板的距离应正好与纸张长度相近，距离过大，则理纸不齐，过小则常会推动纸堆，其调节方法如图 2-97 所示，松开紧固螺钉，则可调节两侧齐纸板位置，调节完毕后再拧紧紧固螺钉即可。

后齐纸板没有轴线方向的运动，只能根据纸张的宽度调节其前后位置，如图 2-98 所示，松开紧固螺钉，转动调节螺钉将后齐纸板调节到合适位置，然后再拧紧紧固螺钉。

图 2-98　后齐纸板位置调节

项目小结

本项目介绍了平版印刷机输纸系统与收纸系统的基本结构，并重点介绍了分纸装置、输送装置、定位装置、递纸装置和收纸系统各部件的调节要求和调节方法。

课后练习

1）平版印刷机的输纸系统和收纸系统应该满足哪些要求？

2）请描述分纸装置完成纸张分离的过程。

3）传送带式输送装置由哪些部分组成，各有什么作用？

4）假设印刷机的输纸步距为180mm，若印刷纸宽为740mm，请分析机械式双张检测装置应该允许几张纸通过检测轮，并说明调节方法。

5）在纸张输送过程中，如果出现纸张歪斜，请分析可能产生的原因。

6）现代平版印刷机常用的侧规有哪些类型，各有什么特点？

7）虚拟式侧规有何优点？

8）间接递纸装置有哪些类型，各有什么特点？

9）收纸系统的理纸装置由哪几部分组成，各有什么作用？

项目三　印刷单元的操作

项目任务

1）完成印版和橡皮布的安装，并调节印刷压力；

2）在印刷过程中，根据印张套印效果和颜色效果进行印版位置调节以及水、墨量大小调节。

重点与难点

1）印版和橡皮布的装卸；

2）墨辊的拆卸；

3）印刷压力计算与控制；

4）印版位置调节；

5）水、墨量大小调节。

建议学时

20学时。

　　印刷单元是平版印刷机的核心组成部分，由印刷装置、供墨装置和润湿装置三部分组成，纸张由输纸系统进入印刷单元后，印刷单元将图文信息直接转移到印刷纸张上，但印张上的图文转移效果受水墨量大小、印刷压力、印刷套准等多个因素的影响，因此，在印刷过程中，能否正确调节印刷单元，将直接决定了印刷品的质量。

3.1　滚筒排列与传纸机构

3.1.1　滚筒排列方式

　　印刷装置一般由印版滚筒、压印滚筒、橡皮滚筒以及离合压和调压机构组成，但根据滚筒排列方式，印刷装置又分为两滚筒、三滚筒、四滚筒、五滚筒和卫星式等多种类型，印刷滚筒排列方式不同，印刷机的结构和功能也不相同。

　　1）两滚筒排列

　　两滚筒排列平版印刷机的印刷装置由一个橡皮滚筒和一个两倍于橡皮滚筒的大滚筒组成，大滚筒的一半做印版滚筒，另一半做压印滚筒，如图3-1所示，大滚筒转一周，橡皮滚筒转两周，印一张印刷品，这种印刷机滚筒笨重，工作效率低，已基本被淘汰。

　　2）三滚筒排列

　　三滚筒排列根据滚筒排列角分类，三滚筒排列又可分为以下几种形式：垂直排列、水平排列、直角排列、正三角排列（五点钟排列）和反三角排列（七点钟排列），如图3-2所示。滚筒排列角是指以橡皮滚筒中心为中心，作通过其余两个滚筒中心的直线，两直线在进纸方向的夹角。当滚筒排列角小于180°，称为正三角排列，又称作五点钟排列，滚筒排列角大于180°，称为反三角排列，又称作

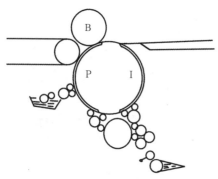

图3-1　两滚筒排列单色平版印刷机

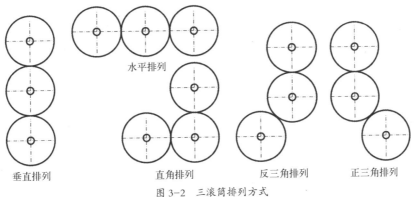

水平排列

垂直排列　　　　　直角排列　　　　　反三角排列　　　　　正三角排列

图 3-2　三滚筒排列方式

图 3-3　高宝 Rapida 75

七点钟排列，反三角排列是现代平版印刷机普遍采用的滚筒排列方式。

　　三滚筒排列平版印刷机既可以是单色机，也可以以单色机组为单位，在中间加上传纸机构灵活地组成双色、四色、五色或六色印刷机，这样的印刷机称为机组式平版印刷机，它是将三滚筒单色平版印刷机或五滚筒双色平版印刷机中间加上传纸滚筒或传纸链条组成的多色胶印机，每一个机组的结构基本相同，是目前最常见的印刷机型，图 3-3 为高宝 Rapida 75 平版印刷机，它由 6 个印刷单元组成。

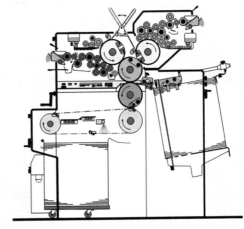

图 3-4　四滚筒排列

　　3）四滚筒排列

　　四滚筒排列的平版印刷机其印刷装置由两个印版滚筒、一个橡皮滚筒和一个压印滚筒组成，两个印版滚筒同时将油墨转移到橡皮滚筒上，然后由橡皮滚筒一次性转移到纸张上。海德堡 QM46-2 就采用了此种滚筒排列方式，如图 3-4 所示。

　　4）五滚筒排列

　　五滚筒排列是指两个色组组合，共用一个压印滚筒的排列方式，印刷装置由两个印版滚筒、两个橡皮滚筒和一个压印滚筒组成，是很多双色平版印刷机常用的滚筒排列形式，也可以以双色机组为单位在中间加上传纸机构组成机组式四色平版印刷机，图 3-5 为机组式五滚

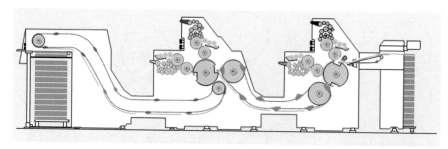

图 3-5　五滚筒排列四色印刷机

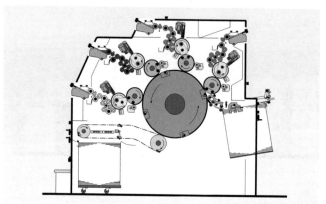

图 3-6　卫星式平版印刷机

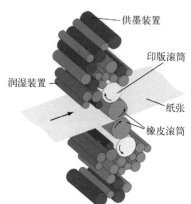

图 3-7　B-B 型平版印刷机

筒排列四色印刷机，该印刷机共有两个印刷单元，每一个印刷单元均采用五滚筒排列。五滚筒排列的印刷机结构紧凑，纸张交接次数少，套印准确，但两色间隔时间短，油墨干燥时间短，容易产生混色现象，而且两个色组油墨运行线路不同，一个由上而下，一个自左而右。

5）卫星式滚筒排列

卫星式平版印刷机各色组的印版滚筒和橡皮滚筒共用一个大压印滚筒，如图 3-6 所示，压印滚筒转一周，只有一次交接纸张，可同时印刷多色。卫星式平版印刷机纸张交接次数少，套印准确，但压印滚筒体积大，加工困难，操作不方便，而且油墨干燥时间短，容易混色。

6）B-B 型滚筒排列

B-B 型平版印刷机的印刷装置由两个印版滚筒和两个橡皮滚筒组成，没有专门的压印滚筒，如图 3-7 所示，两面的橡皮滚筒互为对方的压印滚筒，B-B 型滚筒排列方式通常应用于卷筒纸平版印刷机，对于单张纸 B-B 型平版印刷机来说，其中一个橡皮滚筒需要安装咬纸牙，纸张通过两个橡皮滚筒后正反面各印刷一色。

3.1.2　印刷单元间的传纸机构

机组式平版印刷机印刷单元之间的传纸方式通常有三种形式：压印滚筒传纸、链条传纸和传纸滚筒传纸。

1）压印滚筒传纸

压印滚筒传纸是指平版印刷机的两个机组之间直接由前后两个压印滚筒完成传纸动作，

印刷单元之间没有传纸滚筒，小森 Lithrone 40 SP 双面平版印刷机就采用了这种传纸方式，如图 3-8 所示。这种传纸方式的优点是印刷机结构简单，印刷过程中的纸张交接次数少，确保套印精度；缺点是传纸时间系数小，不利于油墨干燥，对印刷质量有一定影响。

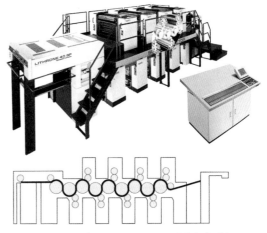

2）链条传纸

链条传纸常用于五滚筒排列的机组式平版印刷机，因为对于采用五滚筒排列的印刷机来说，两个机组之间的距离过大，如图 3-5 所示，采用齿轮传递动力则太远，

图 3-8　小森 Lithrone 40 SP 双面平版印刷机

因此采用链条带动咬牙排进行传纸比较方便。这种传纸方式的优点是传纸时间系数非常大，可以使油墨充分干燥；缺点是链条的套准滚子和导轨容易磨损，因而会影响套准精度，另外，链条传纸的噪声也比较大。

3）传纸滚筒传纸

传纸滚筒传纸是现代机组式平版印刷机最常用的传纸方式，由于印刷单元之间要留出安装印版、橡皮布的操作空间，传纸滚筒一般采用倍径滚筒或者多个传纸滚筒，但由于各印刷单元的压印滚筒旋向相同，传纸滚筒的数量一般应为奇数个，如果是偶数则会导致纸张传递到后一机组时翻转，印刷到反面。

根据传纸滚筒直径和数量的不同，平版印刷机印刷单元间的传纸机构通常有多种形式，如图 3-9 所示，a 为海德堡 Speedmaster 74 四色平版印刷机，其传纸机构采用了两个等径传

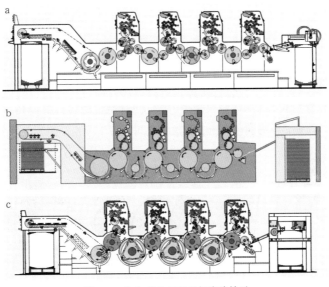

图 3-9　机组式平版印刷机滚筒排列

纸滚筒和一个倍径传纸滚筒；b 为高宝 Rapida 105 四色平版印刷机，各色组间采用一个倍径传纸滚筒；c 为海德堡 CD 102 四色平版印刷机，各色组间采用一个三倍径传纸滚筒，图 3-10 为高宝 Rapida 75 平版印刷机的传纸机构，采用了三个倍径传纸滚筒。

图 3-10　高宝 Rapida 75 平版印刷机的传纸机构

3.1.3　纸张翻转机构

对于机组式多色印刷机来说，如果在色组间增加纸张翻转机构，则可实现双面印刷，一般来说，翻转机构应具备如下功能特点：确保印张上正反面图像套印准确；从单面印刷转换为双面印刷时，调节起来方便；在纸张翻转过程中，不允许弄脏或损坏印张，现代平版印刷机采用的纸张翻转机构通常有以下几种：

1）钳形叼纸牙翻转机构

钳形叼纸牙翻转机构是海德堡双面印刷机常用的翻转机构，它由一个传纸滚筒、一个双倍径存纸滚筒和一个翻转滚筒组成，如图 3-11 所示，在纸张翻转过程中，纸张在双倍径存纸滚筒上时，为了使翻转滚筒的钳形叼纸牙能将纸张叼准，在存纸滚筒的纸张拖稍位置装有一排吸嘴，从后面把纸吸住，使纸张能平整地贴附在滚筒表面上，当纸张拖稍转到与翻转滚筒交接的位置时，纸张被钳形叼纸牙叼住，存纸滚筒上的吸嘴和叼纸牙将纸松开，完成纸张翻转交接。

2）双叼纸牙翻转机构

双叼纸牙翻转机构也由一个传纸滚筒、一个双倍径存纸滚筒和一个翻转滚筒组成，不过在翻转滚筒上装有可绕叼纸牙轴转动的双叼纸牙，如图 3-12 所示，纸张由传纸滚筒交接给双倍径存纸滚筒后，在纸张的拖稍由吸嘴将纸吸住和拉平。当纸张拖稍到达和翻转滚筒的交接区，先由翻转滚筒的第一组叼纸牙将拖稍叼住，纸张的叼口从存纸滚筒脱出并随翻转滚筒转动，翻转滚筒的第二组叼纸牙开始向里绕轴转动，在两组叼纸牙相遇时，第一组叼纸牙把印张交给第二组叼纸牙，第二组叼纸牙转到与后一个印刷机组的压印滚筒相切时，将印张拖梢交给压印滚筒，完成印张的翻转和传递。

高宝、米勒和罗兰双面平版印刷机常采用双叼纸牙翻转机构，图 3-13 为高宝八色平版印刷机的翻转机构，它安装在第四色和第五色组间之间，可实现正反面各四色印刷。

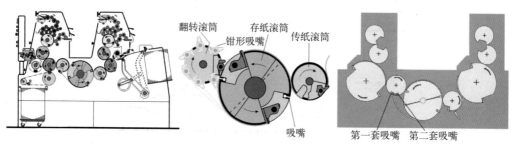

图 3-11　海德堡钳形叼纸牙翻转机构

图 3-12　双叼纸牙翻转机构

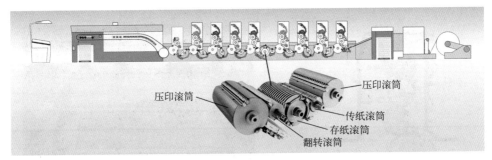

图 3-13　高宝印刷机的翻转机构

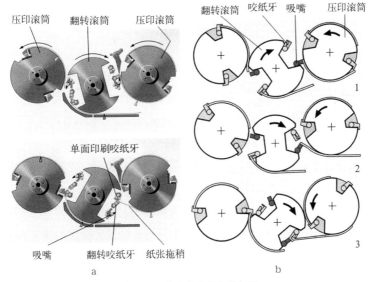

图 3-14　单传纸滚筒翻转机构

3）单传纸滚筒翻转机构

单传纸滚筒翻转机构是利用一个传纸滚筒完成直接翻转交接，压印滚筒和传纸滚筒均为双倍径滚筒，如图 3-14 所示，a 为 Roland 700 的翻转机构，b 为高宝 Rapida 72 的翻转机构。翻转时，传纸滚筒利用上面的吸嘴去接收经前一色组压印滚筒的纸张拖稍，吸嘴吸住纸张拖稍后，向传纸滚筒内部方向转动，同时，传纸滚筒上的咬纸牙顺时针方向转动，当吸嘴与咬纸牙旋转至相切位置时，咬纸牙叼住纸张拖稍，吸嘴迅速松开纸张，然后叼纸牙与吸嘴分别向外旋转到外部位置，当传纸滚筒叼纸牙叼住纸张转到与第二色组压印滚筒咬纸牙相切时，就把纸张交给第二色组的压印滚筒。

3.2　印刷装置的调节

3.2.1　印版的安装与拆卸

1）印刷滚筒的结构

平版印刷机的印刷滚筒包括印版滚筒、橡皮滚筒和压印滚筒，如图 3-15 所示。各滚筒主

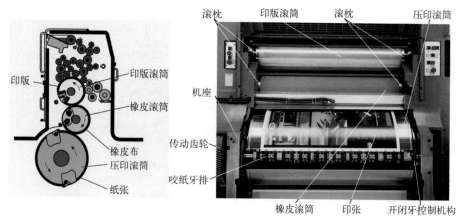

图 3-15　平版印刷机的印刷装置

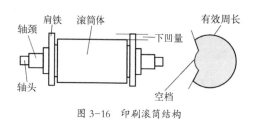

图 3-16　印刷滚筒结构

要由滚筒体、齿轮和装夹机构组成，而滚筒体又由轴头、轴颈、滚枕（也称肩铁）和筒身构成，如图 3-16 所示。

轴头用于安装传动齿轮、凸轮等零件；轴颈则是滚筒的支撑部分，它和轴承是保证滚筒匀速运转的重要部分；肩铁又称作滚枕，是滚筒两端用以确定滚筒之间间隙的凸起圆环，肩铁与筒体表面有一定的距离，称为滚筒的下凹量，肩铁是确定包衬厚度和调节滚筒中心距的依据，通常分为走肩铁（接触滚枕）和不走肩铁（不接触滚枕）两种类型。

走肩铁是指印刷机工作时，两印刷滚筒的肩铁相互接触，可以减轻滚筒的振动，使机器平稳运转，保证齿轮的传动精度。走肩铁方式一般应用在印版滚筒与橡皮滚筒之间，而橡皮滚筒和压印滚筒之间一般不采用，因为压印滚筒上没有包衬，当印刷不同厚度的纸张时，需要改变压印滚筒和橡皮滚筒间的中心距以调节印刷压力，因此，橡皮滚筒与压印滚筒的肩铁之间必须留有间隙，否则就不能调节中心距。

不走肩铁是指印刷机工作时，两印刷滚筒肩铁之间还有一定的间隙，肩铁可作为测量滚筒距离的基准，是调节滚筒中心距和确定滚筒包衬的依据。不走肩铁的优点是，肩铁不承担负载，可以利用其间隙来测量滚筒间的接触压力，但印刷机工作时，由于印刷滚筒上有空档，容易产生跳动。

印版滚筒和橡皮滚筒的筒体外包有衬垫，它是直接转印印刷图文的工作部位，压印滚筒的筒体没有包衬。印刷滚筒筒体由有效印刷面积和空档两部分组成，有效印刷面积用以进行印刷或转印图文，空档部分主要用以安装咬纸牙、橡皮布张紧机构、印版装夹及调节机构，筒体的有效印刷面积通常用滚筒利用系数 K 来表示：

K= 有效工作面弧长 / 滚筒周长 × 100% =（360-β）/360° = 纸张最大长度 / 滚筒周长 × 100%

其中，β 为滚筒空档角。

三个印刷滚筒的筒体直径不相等，由于压印滚筒表面没有包衬，其直径最大，其次是印版滚筒，直径最小的是橡皮滚筒。三种滚筒的下凹量也是不一致的，印版滚筒的下凹量一般为0.3mm左右，相当于印版的厚度，橡皮滚筒的下凹量一般为2~3.5mm左右，压印滚筒的筒体高出肩铁，因而称作凸量（不叫下凹量）。

2）印版的安装与拆卸

（1）印版装夹机构

印版滚筒的作用是将印版上的图文信息转移到橡皮布上，印版滚筒的空档部分设有印版装夹机构和印版位置调节装置，用以校正印版位置，调节图像相对于纸张的位置，如图3-17所示。现代平版印刷机常用的印刷装夹机构有固定式装夹机构、快速装夹机构和定位销装夹机构三种。

①固定式装夹机构

固定式装夹机构如图3-18所示，上版时，将印版插入上版夹与下版夹之间，然后拧紧紧固螺钉，即可将印版夹紧，卸版时，拧松紧固螺钉，压簧将自动撑起印版，即可取出印版。

②快速装夹机构

快速装夹机构如图3-19所示，利用拨辊转动偏心轴，即可将印版卡紧在上版夹和下版夹之间。

③定位销装夹机构

现代很多彩色平版印刷机采用了定位销装夹机构，可实现自动上版，自动上版要求从分色制版开始直到上机印刷都采用统一的定位系统，制版时需在印版指定位置打上定位孔（"U"型孔、长孔或圆孔），如图3-20所示，同时在平版印刷机印版滚筒相应的位置上安装有定位销，装版时，只需将印版上的两个"U"型孔挂在定位销上，由印刷机自动完成上版和夹版。

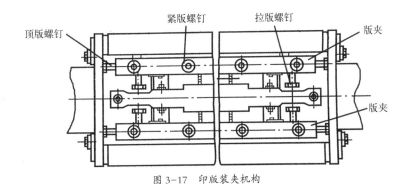

图3-17 印版装夹机构

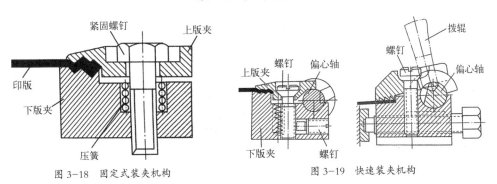

图3-18 固定式装夹机构　　　　　图3-19 快速装夹机构

图 3-20　定位销自动上版系统

（2）印版的装卸

按照印版装夹机构的不同，印版装卸可以分为普通装卸方式，快速装卸方式和自动装卸方式。

①普通装卸方式

当平版印刷机的印版滚筒采用固定装夹机构时，安装印版的步骤为：

a.点动机器到装版位置，调节叼口边拉版螺钉让版夹水平，并调节叼口边顶版螺丝让版夹居中；

b.将印版叼口边插入印版滚筒叼口边版夹槽中，要注意插到底部；

c.从中间向两边拧紧紧版螺钉，如图 3-21 所示，装入印版衬垫，并合压，以保证印版能贴紧印版滚筒，然后，正向点动机器到最佳装版位置；

d.松开拖稍边拉版螺钉使印版拖稍部位能插入版夹槽中，并从中间向两边紧固夹版螺钉；

e.最后离压，依次拧紧拖稍和叼口边的拉版螺钉张紧印版，张紧印版时，要注意力量不可过大，否则容易导致印版拉伸变形。

拆卸印版时，先松开叼口边紧版螺钉，再松开拖稍边夹版螺钉，抓住印版反向点动机器，即可取出印版。

②快速装卸方式

当平版印刷机的印版滚筒采用快速装夹机构时，安装印版的步骤为：

a.点动机器到装版位置，松开拖稍的拉版螺钉，叼口边拉版螺钉一般不动，点动机器到叼口位置，将印版叼口边插入叼口边版夹槽，注意要将印版插到底部；

b.用拨辊转动偏心轴，利用圆柱面顶起上版夹，使上版夹和下版夹一起夹住印版，如图 3-22 所示；

图 3-21　固定装夹机构印版安装

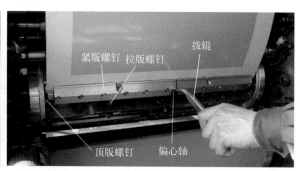

图 3-22　快速装夹机构印版安装

c.点动机器，使印版滚筒转过一定角度后，合上水辊，手托住印版，以免保险杠蹭脏印版，继续正向点动机器到拖稍版夹几乎和人平行；

d.从一侧开始顺势将印版插入到拖稍版夹中，并通过检测孔确认印版是否插到位；

e.用拨辊转动拖稍偏心轴，使印版拖稍被夹住，然后拧紧拖稍版夹拉版螺钉，张紧印版，最后检查叼口螺钉是否吃上力。

拆卸印版时，点动机器到卸版位置，用拨辊转动拖稍和叼口偏心轴，松开印版的叼口和拖稍，然后抓住印版反点机器，即可取出印版。

③自动装卸方式

自动装卸方式按自动化程度又分为半自动和全自动两种类型。

半自动装版需要人工辅助，以海德堡 CD 102 平版印刷机为例，操作人员先将新版装入版架，并将版架推至装版位置，按版滚筒定位键，版滚筒会自动转到装版定位，再按下版夹张开键，由操作人员将印版叼口插入印版版夹中，使印版到达版夹的定位位置，再按下定位键，印刷机会自动完成装版程序，印版安装完成后，放下保护罩即可，整个装版过程不需要任何工具，也不需要重新张紧印版。拆版时，按下定位键，版滚筒会自动转至拆版定位，先松开印版拖稍拉版螺钉，并将印版拖稍顶版螺钉松至零位，按下版夹张开键，印版拖稍会自动弹出，最后按下定位键，抽出印版，放下保护罩即可。

全自动装版方式更加简单，操作人员只需将新版装入到印刷机的相应护罩中，如图 3-23 所示，启动换版程序后，不需要人工辅助操作，可直接实现旧版的拆卸和新版的安装。另外，有些平版印刷机还设置了盒式印版自动装卸系统，可以将多个印刷作业的印版按正确的顺序存储在版盒里，如图 3-24 所示，系统可根据活件的印刷次序依次自动卸版并自动装版。

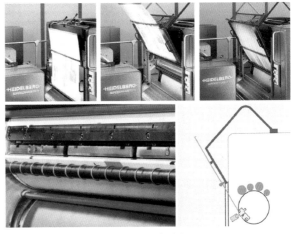

图 3-23 全自动上版

3）印版的位置调节

印刷过程中，为了使印版上的图文能正确地转印到纸张所规定的位置，并实现多色套印，通常需要调节印版的位置。对于单色机来说，可以通过拉动印版、位移滚筒、调节前规和侧规等方法来调节印版上的图像相对于纸张的位置。但对于多色机来说，则不能像单色机那样通过前规和侧规

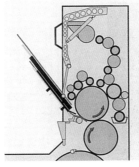

图 3-24 盒式自动上版

调节来解决各色间的套印问题，通常是先调节第一色版，使图文转印到印张上的位置符合印件要求，调节方法与单色机一样，然后以第一色组为基准，调节其他色组印版的位置。印版的位置调节方法通常有两种：手动调节和自动调版机构调节。

（1）手动调节

①印版轴向调节

手动调节印版的轴向位置是通过调节印版滚筒版夹的顶版螺丝来实现的，如图 3-17 所示，当需要向左移动印版时，可先松开左边的一对顶版螺钉，然后再拧动右边的一对顶版螺钉，使印版向左移动；向右移动印版时，则先松开右边一对顶版螺钉，拧动左边一对顶版螺钉直至符合套印要求位置。

②印版周向调节

印版周向调节是使印版沿滚筒圆周方向移动，以达到套准要求。如图 3-17 所示，若要向前调版时，拧松拖稍边的拉版螺钉，然后拧紧叼口边拉版螺钉，直到满足套印要求为止；向后调版时，则拧松叼口边的拉版螺钉，然后拧紧拖稍边拉版螺钉。

当需要大范围调节印版周向位置时，可以采用借滚筒的方法，如图 3-25 所示，先松开印版滚筒轴端传动齿轮的长孔螺钉，再点动机器，改变印版滚筒与传动齿轮的相对位置，即可调节印版上的图像相对于纸张的位置，此方法常用于粗调。

③印版歪斜校正

在印刷过程中，如果印版安装位置不正，仅通过轴向或周向移动印版位置并不能解决套准问题，这时需要进行印版歪斜校正。调节时，先松开校正方向对面版夹的拉版螺钉，然后再松开版夹两端的顶版螺钉，接着调节校正方向对角线上的顶版螺钉，使印版横向移动，再利用校正方向的拉版螺钉把印版向校正方向拽，直到满足套印要求为止，最后拧紧校正方向对面版夹的拉版螺钉，如图 3-26 所示。

（2）自动调版机构调节

在现代多色平版印刷机上，普遍安装了自动调版机构，可以直接在控制台上完成印版的轴向、周向和斜向遥控调节，自动调版机构通过步进电机驱动调节杆来调节印版滚筒的位置，并通过计量脉冲数和数控步进电机的转角，计算出印版版位的调节量，并在控制台上显示出来，如图 3-27 所示。

图 3-25　借滚筒

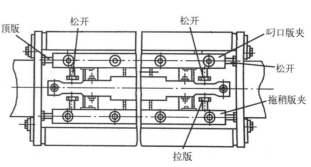

图 3-26　斜向调节

使用自动调版机构时，要注意每次换版前要复位到"0"点，即调节范围的中间，以保证在两个方向上都有调节余量，尽量不要调节到极限位置，另外印版滚筒的斜向调节不宜长期使用。

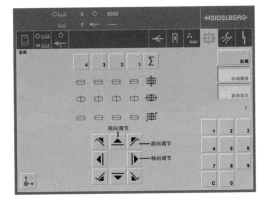

图 3-27　自动调版控制

3.2.2　橡皮布的安装与拆卸

橡皮滚筒的作用是将印版上图文墨迹转移纸张上，橡皮滚筒的直径是三个滚筒中最小的，其上包衬有较厚的橡皮布。在橡皮滚筒的空档部分安装有橡皮布装夹和张紧机构，将橡皮布一端固定，另一端装在可以张紧的轴上，现代平版印刷机常采用蜗轮蜗杆机构张紧橡皮布，如图 3-28 所示。

1）橡皮布的安装

安装橡皮布前，首先需要准备好橡皮布和衬垫，需要将衬垫与橡皮布一起装入橡皮布夹板中，如图 3-29 所示，在有的印刷机上，衬垫可以使用独立的夹板，如图 3-30 所示。

然后，点动机器，使橡皮滚筒叼口边到达可操作位置，将橡皮布夹板卡入张紧轴中，转动蜗杆使张紧轴向里转动到合适位置，夹好衬垫夹板，拽住橡皮布拖稍，慢慢点动机器到滚筒的托稍可调位置，把橡皮布夹板装入张紧轴中，转动蜗杆张紧橡皮布，并再次张紧叼口边的橡皮布，最后拧紧蜗杆锁紧螺母即可，如图 3-31 所示。

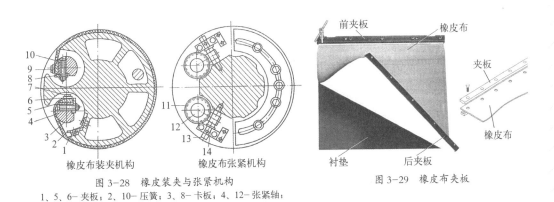

图 3-28　橡皮装夹与张紧机构
1、5、6-夹板；2、10-压簧；3、8-卡板；4、12-张紧轴；
7、9-紧固螺钉；11-蜗轮；13-蜗杆；14-锁紧螺钉

图 3-29　橡皮布夹板

图 3-30　衬垫夹板

图 3-31　安装橡皮布

图 3-32　橡皮布拆卸

2）橡皮布的拆卸

点动机器到橡皮滚筒叼口位置，适当松开橡皮布叼口，然后点动机器到橡皮滚筒拖稍位置，完全松开橡皮布拖稍，拆出橡皮布拖稍版夹，点动机器连同衬纸一起拉出，机器转到叼口位置后，将橡皮布张紧轴松至合适位置，拆出整张橡皮布，如图 3-32 所示。

3.2.3　压印滚筒的调节

压印滚筒的作用是利用咬纸牙排传递纸张，并作为纸张印刷时的支撑面，借助于印刷压力将橡皮布滚筒上的图文转印到纸张上，完成印刷，而且压印滚筒还是印刷机安装、调试的基准。

压印滚筒筒体直径是三个滚筒中最大的，其筒体的空档部分安装有咬纸牙排，咬纸牙排轴端安装有摆杆，摆杆上装有开闭牙滚子，如图 3-33 所示。有的平版印刷机采用双倍径或三倍径的压印滚筒，双倍径压印滚筒装有两副咬纸牙排，压印滚筒转一周印刷两张纸，如图 3-34 所示。压印滚筒咬纸牙的结构如图 3-35 所示，压印滚筒的调节主要包括咬纸牙的叼纸力调节和开闭牙时间调节。

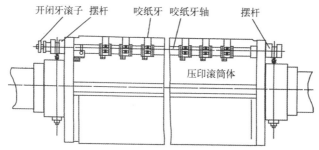

图 3-33　压印滚筒筒体

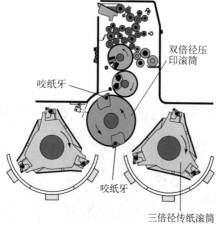

图 3-34　双倍径压印滚筒

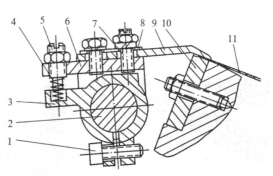

图 3-35　J2108 型印刷机压印滚筒咬纸牙结构
1-紧固螺钉；2-叼纸牙轴；3-卡箍；4-弹簧；5、7-调节螺钉；
6-牙体；8-垫片；9-牙片；10-牙垫；11-纸张

1）压印滚筒咬纸牙叼纸力的调节

在印刷过程中，当纸张厚度变化比较大时，需要调节压印滚筒整排咬纸牙的叼纸力，调节时，可先在图 3-36 中咬纸牙轴的靠山定位块和靠山螺钉之间垫 0.25mm 厚的牛皮纸，松开图 3-35 中卡箍 3 的螺钉 1，在牙片 9 和牙垫 10 之间垫一条与咬纸牙等宽的牛皮纸，用手拧动牙体 6 和卡箍 3，使牙片压着牛皮纸，然后锁紧螺钉 1，抽出牛皮纸，从中间开始，依次调节每个咬纸牙的叼纸力，使各咬纸牙叼纸力大小一致，最后撤除靠山定位块和靠山螺钉之间的牛皮纸即可。

在印刷过程中，有时会出现某些咬纸牙叼纸力过小，叼纸不稳，需要单独调节咬纸牙的叼纸力，这可以通过拧动图 3-35 中的调节螺钉 5，压缩弹簧来增加咬纸牙片的叼纸力。

2）压印滚筒咬纸牙开闭时间的调节

在整个印刷过程中，待印纸张在交接时不能失去控制，因此，为了保证纸张在压印滚筒和传纸滚筒之间的平稳交接，通常需要保证在交接时间内，两个滚筒的咬纸牙能同时叼住纸张。压印滚筒咬纸牙的开闭是由装在墙板内侧的固定凸块控制的，如图 3-37 所示，当滚子与凸块的凸起部位接触时，咬纸牙张开放纸，当滚子离开凸块的凸起部位时，在弹簧的作用下，咬纸牙闭合叼住纸张。压印滚筒咬纸牙轴开闭牙凸块一般在出厂前已定位好，不能随意移动，压印滚筒咬纸牙的开闭时间可以通过图 3-35 中的调节螺钉 7 来控制。

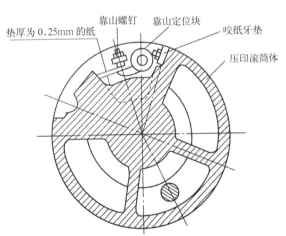

图 3-36　压印滚筒整排咬纸牙叼纸力调节

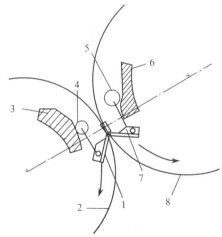

图 3-37　压印滚筒咬纸牙开闭时间调节
1、7-咬纸牙；2-传纸滚筒；3、6-固定凸块；
4、5-滚子；8-压印滚筒

3.2.4　印刷压力调节

印刷装置在工作过程中，有两种工作状态：离压和合压。当纸张进入印刷装置时，印版滚筒、橡皮滚筒和压印滚筒相互合上（即合压状态），相互滚压，将印版上的图文转移到印张上；而在印前准备阶段或印刷机发生故障停止印刷时，三个滚筒应相互脱开（即离压状态）。当印刷装置处于合压状态时，要获得高质量的印刷品质量，需要严格控制三滚筒之间的印刷压力，尤其是当印刷纸张厚度发生变化时，需重新调节印刷压力。因此，印刷装置必须安装离合压机构和调压机构。

1）滚筒离合压方式

印刷装置的离合压是通过改变滚筒之间的中心距来实现的，在合压状态下，两滚筒中心距小于滚筒（含有包衬）半径之和，在离压状态下，中心距大于两滚筒半径之和。印刷装置的离合压通常有两种方式：同时离合压和顺序离合压。

（1）同时离合压

同时离合压是指橡皮滚筒同时与印版滚筒和橡皮滚筒接触或脱开。要实现同时离合压，橡皮滚筒的移动方向必须在印版滚筒和压印滚筒中心连线的垂直平分线上。为了防止离合压导致印张的"半白半彩"现象，要求滚筒空档角 β 必须大于滚筒排列角 α，如图 3-38 所示，实际工作中，为了使滚筒迅速能进入稳定状态开始印刷，一般情况下，离合压时都有一个提前角，即滚筒先合压后对滚，因而还要考虑合压提前角 γ（滚筒合压点与接触点之间弧长对应的滚筒圆心角），则有：β ≥ α+2γ。

可以看出，采用同时离合压方式，当滚筒排列角增大时，空档角也必须相应增大，滚筒利用系数就会减小，要印刷大幅面印刷品，则需要增大滚筒直径，使印刷机结构笨重，因此，现代平版印刷机一般不采用这种离合压方式。

（2）顺序离合压

顺序离合压是指滚筒的合压和离压动作都是按顺序进行的，合压时，橡皮滚筒先与印版滚筒合压，后与压印滚筒合压，离压时，橡皮滚筒先与压印滚筒离压，再与印版滚筒离压。

如图 3-39 所示，假设橡皮滚筒与印版滚筒合压到橡皮滚筒与压印滚筒合压所需的时间为滚筒的转角 θ，为了使橡皮滚筒上拖稍部分图像通过橡皮滚筒与压印滚筒接触区中点 B 后才合压，同时为了保证橡皮滚筒与压印滚筒合压时，它们的叼口边尚未通过他们的接触点 B，而且有同样的提前角 γ，则要实现顺序离合压，θ 的取值范围应为：α > θ > α+γ-β。

采用顺序离合压方式，滚筒利用系数不受排列角的限制，且结构简单，易于调节，是现代平版印刷机普遍采用的离合压方式。

2）离合压与调压机构

现代平版印刷机的离合压和调压一般由一个机构来实现，通常有两种形式：偏心轴承式和三点悬浮式。

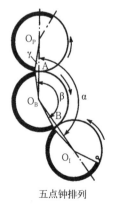

五点钟排列

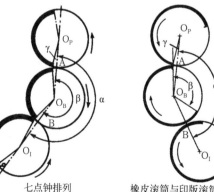

七点钟排列

图 3-38　同时离合压

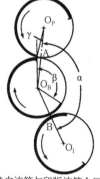

橡皮滚筒与印版滚筒合压

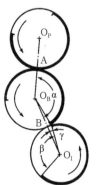

橡皮滚筒与压印滚筒合压

图 3-39　顺序离合压

（1）偏心轴承式

偏心轴承离合压与调压机构是将需要移动或调节的滚筒轴头安装在偏心套内，通过转动偏心套即可移动滚筒改变相邻两滚筒的中心距，实现离合压和调压。根据离合压偏心套和调压偏心套不同的组合方式，偏心轴承机构有以下三种形式：

①单偏心轴承离合压与调压机构

印版滚筒和橡皮滚筒的轴头分别安装在偏心轴承上，如图3-40所示，印版滚筒的偏心轴承用来调节印版滚筒和橡皮滚筒之间的压力，橡皮滚筒的偏心轴承有两个作用，一个用于实现滚筒的离合压，另一个作用是调节橡皮滚筒和压印滚筒之间的压力。

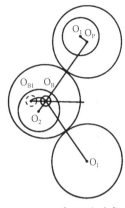

图3-40　单偏心轴承离合压与调压机构

②双偏心轴承离合压与调压机构

印版滚筒和压印滚筒的轴心是固定的，在橡皮滚筒轴端装有双偏心轴承，如图3-41所示，外偏心轴承用于调节橡皮滚筒与压印滚筒之间的压力，内偏心轴承用于实现滚筒离合压及调节印版滚筒与橡皮滚筒之间的压力。

③单、双偏心轴承组合式离合压与调压机构

如图3-42所示，印版滚筒轴端安装单偏心轴承，用于调节橡皮滚筒与印版滚筒之间的压力，橡皮滚筒轴端安装双偏心轴承，外偏心轴承用于调节橡皮滚筒与压印滚筒之间的压力，内偏心轴承用于控制滚筒的离合压。

（2）三点悬浮式离合压与调压机构

如图3-43所示，橡皮滚筒轴端偏心轴承被三个圆柱支撑，其中，圆柱E和F为偏心圆柱，位置可由各自的蜗轮蜗杆进行调节，E用于调节橡皮滚筒和印版滚筒之间的压力，F用于调节橡皮滚筒与压印滚筒之间的压力，支撑圆柱G在强力压簧作用下，始终顶住曲线钢套。合压时，三个圆柱支撑着曲线钢套，图示位置为合压位置，离压时，离压机构带动曲线钢套逆时针转动，圆柱由钢套高点转到低点，橡皮滚筒离开压印滚筒和印版滚筒，实现离压，若曲线钢套顺时针转动，则回到合压位置。

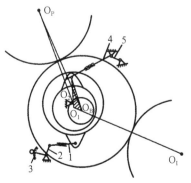

图3-41　双偏心轴承离合压与调压机构
1、4—可调连杆；2、5—摆杆；
3—调压指示表

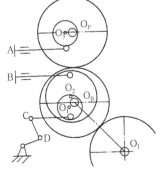

图3-42　单、双偏心轴承组合式离合压与调压机构

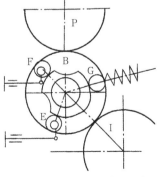

图3-43　三点悬浮离式合压与调压机构

3）印刷压力调节

在印刷生产中，要调节三滚筒之间的压力通常有两种方式，一种方式是通过改变印版或者橡皮布下面的衬垫厚度来改变印刷压力；另一种方式是通过改变滚筒间的中心距来调节印刷压力。

例如，当承印物的厚度增加时，要保持原来的印刷压力，采用第一种调节印刷压力的方式时，可以将橡皮布下的衬垫减小，减小量应该为承印物厚度的增大量，以保证橡皮滚筒与压印滚筒之间的压力不变，同时为了保证印版滚筒和橡皮布滚筒之间的压力，应将印版滚筒中的衬垫厚度做等量的增加。而采用第二种方式调节印刷压力时，可以直接将压印滚筒和橡皮布滚筒的中心距增大，增大的量应为承印物增厚的量，橡皮滚筒与印版滚筒之间的中心距则保持不变。

实际应用中，到底采用哪一种调节方式应该视情况而定，在不同的情况下采用不同的调压方式。对于比较老的机型如国产 08 机，由于机器的调压装置并不可靠，所以一般通过改变衬垫厚度来调节印刷压力，以适应纸张厚度的变化，只有当承印物厚度发生较大的变化时才通过调整滚筒的中心距来调节印刷压力，一般尽量不要改变已经精确调节的滚筒中心距，因为对于调压装置不可靠的印刷机来说，调节滚筒中心距的确是件麻烦的事。对于比较先进的印刷机，改变滚筒中心距非常方便，只需要在控制台上遥控操作就可以实现，并且压力显示装置一般都比较可靠，而且现在很多印刷机调节印刷压力时，只需将印刷纸张的厚度输入到控制系统中，系统就会自动调出压力的默认值，并自动进行调整。

3.3 供墨装置的调节

供墨装置的作用是均匀地、定量地给印版上墨，由于印版上的着墨部分和空白部分几乎在一个平面上，要求传递到印版上的墨层很薄且均匀程度高，因此，在印刷过程中对供墨装置的调节要求也很高。

3.3.1 供墨装置的结构

不同品牌的平版印刷机其供墨装置的结构各不相同，大部分印刷机采用长墨路供墨装置，供墨装置中有 16~25 根墨辊，而一些新型印刷机则采用了短墨路供墨装置，简化了供墨装置的结构，使供墨装置的调节更加简洁方便。

1）长墨路供墨装置

长墨路供墨装置一般都由供墨部分、匀墨部分和着墨部分组成，如图 3-44 所示。

①供墨部分

供墨部分由墨斗、墨斗辊和传墨辊组成，其主要作用是储存油墨并定时定量均匀地将油墨传递给匀墨部分，将油墨置于由墨斗刀片与墨斗辊 1 组成的墨斗内，墨斗辊在转动中将油墨传递给传墨辊 2，传墨辊 2 定时地来回摆动，将油墨从墨斗辊 1 传给匀墨部分的第一根串墨辊 3。一些高速平版印刷机的供墨部分还安装有自动加墨系统，如图 3-45 所示，该系统通过超声波传感器监测墨斗和墨盒的墨量，并可以根据需要自动补充墨斗油墨，而且可以同时

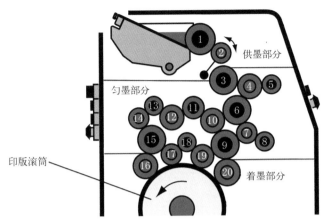

图 3-44　供墨装置结构

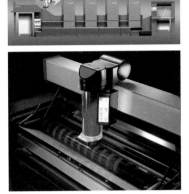

图 3-45　自动加墨系统

1- 墨斗辊；2- 传墨辊；3、6、9、15- 串墨辊；4、7、10、12、14- 匀墨辊（胶辊）；
5、8- 重辊；11、13- 匀墨辊（硬辊）；18- 过桥辊；16、17、19、20- 着墨辊

向多台印刷机的各个色组进行供墨，从而大大降低了上墨时间。

②匀墨部分

匀墨部分由串墨辊、匀墨辊和重辊组成，串墨辊 3、6、9、15 为硬辊，串墨辊做轴向串动和周向转动，与匀墨辊对滚将油墨从轴向和周向两个方向上打匀；重辊 5、8 给匀墨辊与串墨辊之间施加必要的压力，以保证正常的摩擦串动，以便传递和打匀油墨。

③着墨部分

着墨部分的作用是将已经打匀的油墨涂布到印版的图文部分，着墨部分一般有 4 根着墨辊 16、17、19、20，着墨辊也为胶质辊，由于着墨辊直接与印版接触，因此，精度要求很高；过桥辊 18 是为了解决印版滚筒空档部分经过着墨辊时，造成着墨辊上的油墨堆集现象，以免造成印刷品前深后淡的问题。

2）短墨路供墨

采用长墨路供墨会造成墨量难以控制，换色操作复杂，下墨慢以及印刷图像出现鬼影等诸多不利因素，从而加大了平版印刷机操作的难度。为了改进长墨路供墨的不足，现代平版印刷机已经开始采用短墨路供墨系统，即网纹辊供墨装置，图 3-46 为海德堡 XL75 平版印刷机采用的网纹辊供墨装置，该供墨装置只有一根网纹辊（辅以刮刀）和一根着墨辊，大大减少了墨辊的数量，简化了供墨装置的结构。

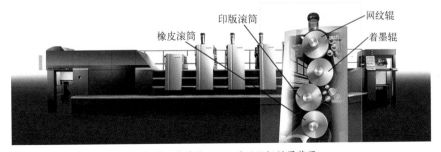

图 3-46　海德堡 XL75 的网纹辊供墨装置

3.3.2 墨辊的安装与拆卸

1）墨辊排列

不同平版印刷机的墨辊数量不同，墨辊排列方式也不同，如图 3-47 所示，但不同平版印刷机的墨辊排列基本遵循以下几个原则：

①软硬相间排列

墨辊软硬相间排列，可以保证在一定压力下墨辊之间彼此接触良好。

②油墨流动方向一致

油墨从墨斗经过各中间墨辊传到着墨辊时，油墨流动的方向应与印版滚筒的旋转方向一致。

③墨辊直径不相等

匀墨辊、串墨辊、重辊和着墨辊的直径各不相同，这样一根墨辊存在的缺陷不至于重复反映到其他墨辊同一位置，防止印版上的印迹重叠和发生墨杠。

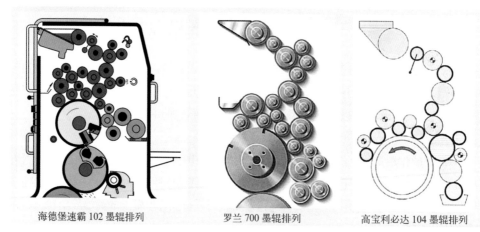

海德堡速霸 102 墨辊排列　　　　罗兰 700 墨辊排列　　　　高宝利必达 104 墨辊排列

图 3-47　不同平版印刷机供墨装置墨辊排列

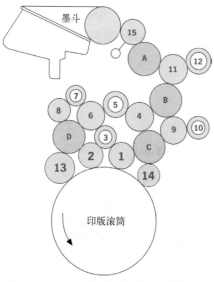

图 3-48　CD102 平版印刷机墨辊的装卸顺序

④着墨辊一般为四根，且着墨率不同

着墨辊基本上为四根，中间两根直径小，便于拆卸，且着墨系数不对称排列，一般使前两根着墨辊的着墨率之和占 80%，后面两根着墨辊主要起匀墨和收墨作用。

2）墨辊安装与拆卸

安装与拆卸墨辊时，一定要注意墨辊安装和拆卸的顺序和方向，安装时，可在墨辊两端的轴头上抹上黄油进行润滑，在整个墨辊装卸过程中，要注意轻拿轻放，避免磕碰，最好能提前装上印版，以免损伤墨辊和印版滚筒表面，拆下的墨辊要放在合适的墨辊架上。

图 3-48 为海德堡 CD102 平版印刷机的墨辊安

装和拆卸顺序，A、B、C、D 四根串墨辊是不拆卸的，1 号至 15 号墨辊是可拆卸的，数字大小表示安装的顺序，即先安装 1 号着墨辊，最后安装 15 号传墨辊。拆卸墨辊时，拆卸顺序基本与安装顺序相反。

3.3.3 墨辊压力的调节

供墨装置中的着墨辊、匀墨辊和重辊本身没有传动装置，它们是在相邻墨辊的接触摩擦力带动下进行旋转的，因此，要保证良好的匀墨和着墨效果，必须合理调节墨辊之间的接触压力。

1）墨辊间压力的检测方法

（1）塞尺法

用厚度为 0.1mm 的塞尺塞入墨辊之间，以塞入和抽出时有少许阻力为宜，如果塞入和抽出的阻力太大，则说明墨辊间压力太大，如果塞入和抽出塞尺时根本感觉不到阻力，则说明压力太小。如果没有塞尺，也可以用厚 0.1mm、宽度为 50mm 的纸条或胶片进行检查。

使用塞尺检查墨辊间的压力主要依赖于操作者的经验，而且不适合检查着墨辊与印版滚筒之间的压力，因为塞尺容易损伤印版。

（2）压痕法

在供墨过程中，墨辊对滚时会有一定的接触宽度，接触宽度越大，表明墨辊间压力越大，反之，则压力越小。因此，人们经常采用墨辊对滚时产生的墨痕宽度来检查墨辊之间的压力，并利用标准墨痕卡来检测墨痕宽度，如图 3-49 所示。

使用标准墨痕卡检查墨辊间压力的具体操作方法如下：

先在机器上打上浅色的油墨，当油墨完全打匀后，停机 10 秒钟，然后反向点动机器到合适位置，在墨辊上会留下一道墨痕，如图 3-50 所示。

用纸条分别粘下墨辊左右两端的墨痕，然后与标准墨痕卡相比较，确定墨辊间的压力，如图 3-51 所示。

2）墨辊间压力的调节

调节墨辊之间的压力时，应遵循一定的调节顺序，并且墨辊两端的压力应相等。另外，着墨辊与串墨辊之间的压力和着墨辊与印版滚筒之间的压力要分别调节，调节原则是先调节着墨辊与串墨辊之间的压力，再调节其与印版滚筒之间的压力，而且要求着墨

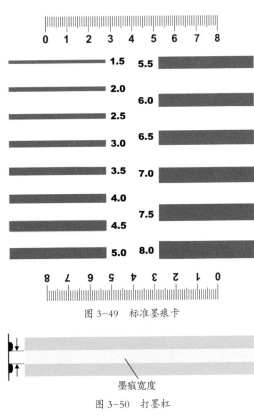

图 3-49 标准墨痕卡

图 3-50 打墨杠

墨痕宽度

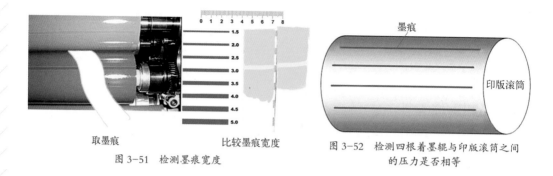

图 3-51 检测墨痕宽度

图 3-52 检测四根着墨辊与印版滚筒之间的压力是否相等

辊与串墨辊之间的压力和其与印版滚筒之间压力近似相等。

以海德堡 CD102 平版印刷机为例，如图 3-48 所示，调节供墨装置墨辊之间的压力时，应按照以下顺序进行调节：

①先将 2 号着墨辊与串墨辊 D 之间的压力调节为 4mm；

②依次将 13 号着墨辊与串墨辊 D 之间的压力以及 1 号着墨辊与串墨辊 C 之间的压力调节为 4mm；

③将 11 号墨辊和 12 号墨辊之间的压力调节为 5mm；

④将 9 号墨辊与 10 号墨辊之间的压力调节为 4mm；

⑤将 9 号墨辊与串墨辊 B 之间的压力调节为 4mm；

⑥将 14 号着墨辊与串墨辊 C 之间的压力调节为 4mm；

⑦将 2 号和 13 号着墨辊与印版滚筒之间的压力调节为 4mm，调节着墨辊与印版滚筒之间的压力时，要注意将印版滚筒的斜向拉版归零；

⑧将 1 号和 14 号着墨辊与印版滚筒之间的压力调节为 4mm；

⑨检查 2 号、13 号、1 号和 14 号墨辊与印版滚筒之间的压力是否均为 4mm，如图 3-52 所示；

⑩将传墨辊 15 与墨斗辊之间的压力调节为 4mm，最后再将其与串墨辊 A 之间的压力调节为 7mm。

3.3.4 墨量大小的调节

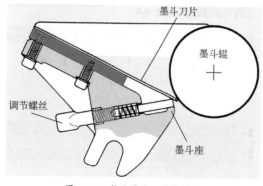

图 3-53 整体墨斗刀片式墨斗

平版印刷机供墨装置的墨斗结构通常有两种形式：整体墨斗刀片式和分段墨斗刀片式。

整体墨斗刀片式墨斗如图 3-53 所示，常用于国产单色印刷机，如 J2108 平版印刷机，其最大的优点是换墨时清洗墨斗比较方便快捷，容易实现手动和电机驱动并行，其缺点是，当调整某一个墨区墨量时，会影响其相邻部位的墨量。

分段墨斗刀片式墨斗是将墨斗刀片在长度上分为若干段，每段下面装配一个油墨流量调节器，可以单独调节各墨区的出墨量，这样在调整某一墨区墨量时，不会改变相邻墨区的出墨量。图 3-54 为海德堡平版印刷机采用的分段墨斗刀片式墨斗，墨斗刀片分为 32 段，每段宽度为 32.5mm。

根据墨斗结构不同，墨量调节又分为局部墨量调节和整体墨量调节。

1）局部墨量大小的调节方法

局部墨量调节通过调节墨键（墨斗螺钉）改变墨刀和墨斗辊的间隙，局部墨量调节又分为手动调节和自动调节。

手动墨量调节由一排调节螺钉通过顶杆控制局部区段墨斗刀片与墨斗辊的间隙，以调节某一区段或墨区的出墨量，如图 3-55 所示，手工调节主要凭经验对墨区墨缝宽度进行设置，调节精度低，且费时。

自动墨量调节装置的每个墨区都有一个伺服驱动电机，如图 3-54 所示，通过电机的转动来调节墨斗刀片与墨斗辊之间的间隙，自动墨量调节可以直接在印刷机控制台上遥控各墨区墨量大小，如图 3-56 所示。

2）整体墨量大小的调节方法

对于间歇转动的墨斗辊来说，可以通过调节墨斗辊的转角来整体调节供墨装置的出墨量；而对于连续转动的墨斗辊来说，则是通过调节墨斗辊的转速来调节供墨装置的整体出墨量。

整体墨量大小调节也分为手动调节和自动调节，手动调节时，可直接根据印刷图文情况转动调节手柄控制墨斗辊的转角，调节墨斗辊的整体出墨量，如图 3-57 所示；自动调节可直接在印刷机控制台上选择某一色组，通过控制墨斗辊的转角对该色组各墨区的墨量进行集中

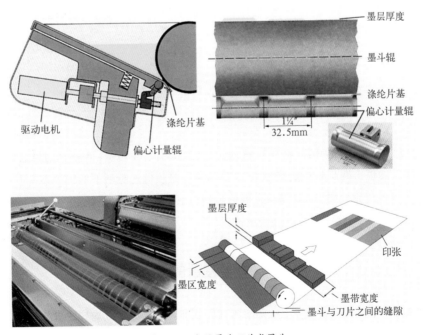

图 3-54　分段墨斗刀片式墨斗

<table>
</table>

图 3-55　局部墨量手动调节

图 3-56　控制台上调节各墨区墨量

图 3-57　J2108 机墨斗辊转角调节

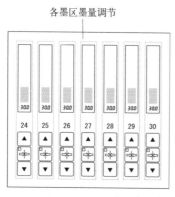

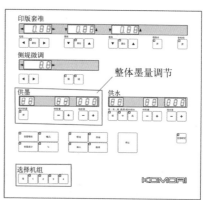

图 3-58　控制台上调节整体出墨量

调节，以小森平版印刷机为例，如图 3-58 所示，首先选择一个色组，然后通过设定"供给量"和"同步率"的值来调节墨斗辊旋转角，"供给量"是指低速范围下的供墨量，取值范围为 0~99%，"同步率"则应用于高速范围，取值范围为 100%~199%，设置完的最终供墨量 = "供给量" × "同步率"/100。

3.4　润湿装置的调节

润湿装置的作用是在给印版上墨前，先在印版非图文部分形成均匀的水膜，将印版的非图文部分保护起来。平版印刷要求在保证印刷品质量的前提下尽量减少润湿液的用量，以免加剧油墨的乳化和引起纸张变形，因此，在印刷过程中要严格控制润湿装置各水辊间的压力和供水量。

3.4.1　润湿装置的结构与类型

润湿装置的类型很多，但基本上都由供水、匀水和着水三个部分组成。供水部分的作用是储存和向匀水部分供给润湿液；匀水部分负责将润湿液打薄、打匀；着水部分的作用是向印版非图文部分涂敷润湿液。

按供给润湿液的方式，润湿装置可分为接触式和非接触式两种形式，接触式又可分为间歇式供水和连续式供水。

1）接触式润湿装置

（1）间歇式润湿装置

图 3-59 为间歇式润湿装置，传水辊在水斗辊和串水辊之间作往复摆动，把水斗辊表面的水间歇地传给串水辊，再由着水辊将水均匀地传给印版的表面。

（2）连续式润湿装置

图 3-60 为连续式润湿装置，在水斗辊与着水辊之间，经互相接触的计量辊传递水量，计量辊连续旋转实现连续供水。

2）非接触式润湿装置

（1）离心式润湿装置

图 3-61 为离心式润湿装置，该装置安装有水箱、输送管和水泵，而且还安装了若干个喷水电机。根据离心力定律，喷水电机快速旋转，电机底座内的润湿液向上提升，并通过喷水口，将扇形的水雾喷射在传水辊上，再经串水辊传递给着水辊，最终完成给印版供水。

（2）毛刷辊式润湿装置

图 3-62 为毛刷辊式润湿装置，水斗辊连续旋转，将水传给毛刷辊，毛刷辊连续旋转将细小的水滴甩到串水辊上，再通过着水辊均匀地传给印版。

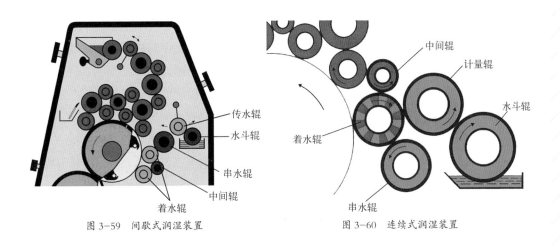

图 3-59　间歇式润湿装置　　　　　　　　图 3-60　连续式润湿装置

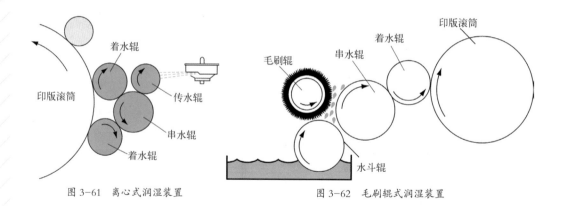

图 3-61　离心式润湿装置　　　　　　　　图 3-62　毛刷辊式润湿装置

3.4.2　水辊的安装与压力调节

与供墨装置一样，润湿装置水辊的安装和压力调节必须遵循一定的顺序。调节水辊之间的压力时，也要保证水辊两端的压力一致，否则会造成着水辊与印版滚筒、串水辊之间的不平行，影响供水均匀性。

1）水辊压力检测方法

水辊之间压力的检测方法通常三种：塞尺法、压痕法和振动法，前两种方法与检测墨辊之间的压力一样，振动法是先将着水辊合到与印版滚筒相接触的"供水位置"，然后开动机器空转，用手感觉着水辊的辊座是否存在跳动，一般以微小的跳动感为宜，如果有明显的跳动，则说明压力太大，如无跳动感，则说明压力太小。

2）水辊的安装与压力调节方法

以海德堡 CD102 平版印刷机为例，如图 3-63 所示，润湿装置应按照以下顺序进行安装和调节：

（1）首先安装着水辊 C，然后安装中间辊 D 和水斗辊 A，并将着水辊 C 与串水辊 F 之间的压力调节为 6mm。

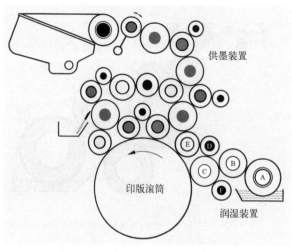

图 3-63　海德堡 CD102 水辊安装与调试

（2）将中间辊 D 与着水辊 C 之间的压力调为 3.5mm，并使着水辊靠版，将中间辊 D 与着墨辊 E 之间的压力调为 4mm。

（3）安装计量辊 B，将其与着水辊 C 之间的压力调为 7mm，再调节计量辊与水斗辊之间的压力，开启润版系统的水循环，用异丙醇清洁计量辊，使用控制面板上的水辊加速键，查看两者之间的水膜，调节两边的旋钮到水膜刚刚消失时，再顺时针旋转 90° 即可。

（4）最后将着水辊 C 与印版滚筒之间的压力调节为 5mm。

3.4.3　水量大小调节

润湿装置供水量的调节原则是在不影响印刷品质量的前提下，供水量越小越好，因此，要严格控制润湿装置的水量大小，以实现水墨平衡。

1）水量大小判断

在印刷过程判断水量大小通常有以下方法：

（1）观察印版

观察印版表面，若版面发亮则说明版面水量过大，如果停机后版面不干，表明版面水量偏大。

（2）看墨辊

当版面水量大时，会有一定量的水被传递到墨辊中去，故当墨辊上可见水珠时，则说明版面水量过大。

（3）看印张

如果印张上墨色浅，即使加大墨量也不易使墨色加深，说明版面水量过大，另外，纸张发生卷曲和严重变形，也说明水量过大。

2）水量大小调节

对于接触式润湿装置来说，水量大小通常是通过改变水斗辊的转速来实现的。一些单色印刷机的水量大小只能通过手动进行调节，如 J2108 平版印刷机，它是通过手动推拉调节杆来控制水量大小的，如图 3-64 所示。多色平版印刷机则可直接在控制台上遥控水量大小，图 3-65 为小森印刷机的控制台，调节方法与调节整体墨量大小相似，首先选择一个色组，然后通过设定"供给量"和"同步率"的值来调节供水速率，最终的供水量 = "供给量" × "同步率" /100。

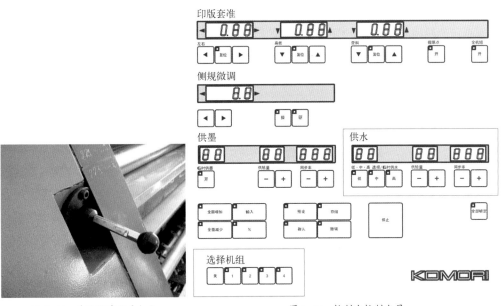

图 3-64　手动调节水量大小　　　　　　　图 3-65　控制台控制水量

项目小结

本项目介绍了平版印刷机的滚筒排列方式以及常见的传纸机构，印版安装及位置调节方法，橡皮布的装卸方法，印刷机的离合压机构以及压力调节方法，润湿装置和供墨装置的水、墨辊拆卸以及水、墨量大小调节方法。

课后练习

1）平版印刷机常见的滚筒排列方式有哪些，各有什么特点？

2）请描述快速版夹式印版的安装和拆卸过程。

3）请描述橡皮布的装卸过程。

4）如何检测润湿装置水辊之间的压力，如何调节水量大小？

5）如何检测供墨装置墨辊之间的压力，如何调节墨量大小？

6）平版印刷机有哪几种离合压方式，如何调节印刷压力？

项目四 平版印刷机控制系统的操作

项目任务

1）描述不同类型平版印刷机控制系统的基本组成和功能；

2）利用平版印刷机控制系统操作印刷机完成印刷活件的生产。

重点与难点

1）海德堡 CP2000 系统；

2）小森 PAI 控制系统；

3）平版印刷机控制系统操作。

建议学时

12 学时。

在平版印刷作业准备和生产过程中，如果所有的操作都必须在印刷机的相应位置上进行，操作人员的劳动强度就会很大，生产效率也会很低。为了提高印刷生产效率，并保证印刷生产质量，现代彩色平版印刷机基本上都配置了自动控制系统，使印刷机的很多操作任务可直接在控制台上通过遥控完成。印刷机自动控制系统的出现，大大节省了印刷机调校的时间，如图 4-1 所示，改善了操作人员的劳动条件，也缩短了印件更换的准备时间。

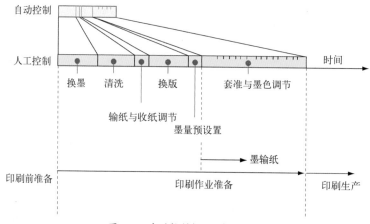

图 4-1　自动控制与人工控制比较

4.1　自动控制系统的组成

4.1.1　自动控制系统的功能

随着遥控技术、颜色测量技术和自动控制技术在印刷机上的应用，现代彩色平版印刷机的驱动、操纵和调节等操作都实现了遥控，大大减轻了操作者的劳动强度。虽然不同品牌印刷机采用的自动控制系统不同，但所有印刷机的自动控制系统基本上都具备如下几个方面的功能：

1）水、墨量遥控功能

可以直接在控制台上控制印刷机各色组墨斗辊的旋转角度，墨斗刀片与墨斗辊的间隙，

图 4-2　印版扫描系统　　　　　　　图 4-3　套准检测仪器及标记

以及水斗辊的转速，调节水量和墨量大小。还
可以利用印版扫描系统扫描印刷版面，计算出
各墨区的墨量，在控制台自动进行油墨预置，
如图 4-2 所示。

图 4-4　印张质量扫描

　　2）套准遥控功能

　　利用安装在印版滚筒轴端的微电机，可以
在控制台上控制印版滚筒轴向和周向的位置，
而且，还可以利用测量仪器测量印张轴向和横
向套准偏差，自动完成套准调节，如图 4-3 所示。

　　3）纸张自动定位功能

　　印刷前将印刷纸张的尺寸输入到自动控制系统，输纸系统会根据纸张的尺寸进行自动调
整，侧规装置和收纸装置也能自动进行调节，以保证输纸和收纸的稳定性。

　　4）印刷压力遥控功能

　　印刷前将纸张厚度输入到印刷控制系统中，橡皮滚筒便自动移动到与压印滚筒合适的距
离上，完成印刷压力的调节。

　　5）质量检测功能

　　利用测量头对印张上的质量控制条进行扫描，如图 4-4 所示，分析色密度、网点增大、
印刷反差等印刷参数，并与标准值进行比较，给出建议的校正值，并进行自动校正。

　　6）故障诊断功能

　　可以监测印刷机的输纸系统、输墨装置、印刷装置、润湿装置和收纸系统以及其他辅助
设备的工作状态，当发生调节错误或意外故障时，在控制台上会显示故障类型和故障发生的
相关部位，并显示发生故障的原因。

4.1.2　印刷机自动控制系统的组成

　　1）海德堡印刷机控制系统

　　海德堡印刷机控制系统经历了从 CPC 油墨遥控与套准系统到 CP Tronic 印刷机一体化控制
系统，再到 CP2000 印刷机自动控制系统的发展过程。

（1）CPC 控制系统

海德堡 CPC 控制系统由墨量和套准控制装置 CPC1、印刷质量控制装置 CPC2、印版图像测试装置 CPC3 和套准控制装置 CPC4 组成。

① 墨量和套准控制装置 CPC1

CPC1 是 CPC 的核心，具有三种不同的型号：CPC1-01、CPC1-02、CPC1-03，CPC1-01 是通过按钮遥控墨量和套准，图 4-5 为 CPC1-01 控制台，它沿墨斗辊轴向安装了 32 个计量墨辊，将供墨部分分为 32 个墨区，每个墨区的宽度为 32.5mm，通过按键 1 控制微电机转动计量墨辊，可调节各墨区出墨量，也可以通过按键 3 控制墨斗辊间歇回转角的大小来粗调整体出墨量，通过按键 2 可遥控印版滚筒的周向和轴向位置。

CPC1-02 与 CPC1-01 相比，增加了存储器、处理器、盒式磁带和光电笔，可以用光笔快速调节墨量，并具备记忆功能；CPC1-03 则在 CPC1-02 的基础上增加了随动控制装置，可以通过数据线与印刷质量控制装置 CPC2 结合使用，将 CPC2 测量的各个区域的墨层厚度转换成给墨量调整值，显示在随动显示器上，并根据偏差值进行校正。

②印刷质量控制装置 CPC2

CPC2 是通过印刷质量测控条来确定印刷品质量的测量装置，CPC2 的测量头可在很短的时间内对质量测控条进行测量，将测试数据与预设的标准值比较，并将结果显示在荧光屏上，如图 4-6 所示，CPC2 能较好地对整个版面墨量进行控制和调整。

③印版图像测试装置 CPC3

CPC3 通过测量印版上各墨区的油墨覆盖率，将图像分为若干个区域，测量时单独计算每个墨区的墨量，并存储在盒式磁带上，印刷前，由 CPC1 调用印版测量数据，通过 CPC1-02 将测量数据转换成计量墨辊和墨斗辊间隙的调节值，自动完成墨量调节，如图 4-7 所示。

④套准控制装置 CPC4

CPC4 是一个专门用来测量套准的控制器。可以用来测量纵、横两个方向的套准误差值，并能显示和存贮测量结果。测量时把 CPC4 放在印品上，可以测出十字线套准误差并进行记录，如图 4-8 所示，然后再把 CPC4 装置置于 CPC1 控制台的控制板上方，按动按钮就可以通过红外传输方式将数据传送给 CPC1，而通过 CPC1 的遥控装置驱动步进电机调整印版位置，完成必要的校正。

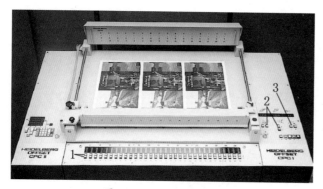

图 4-5　CPC1-01 控制台

图 4-6　CPC2 印刷质量控制装置

（2）CP Tronic 自动检测与控制系统

CP Tronic 是在 CPC 控制系统的基础上推出的一个模块化集中控制、监测和诊断印刷机的数字化电子显示系统，其核心是一组高性能的微计算机，通过密集的传感器、制动器和电机网络交互作用，了解印刷机的实际运行状况，并在中央控制台的显示屏上显示印刷机的所有工作过程，图 4-9 为 CP Tronic 控制台的控制面板。

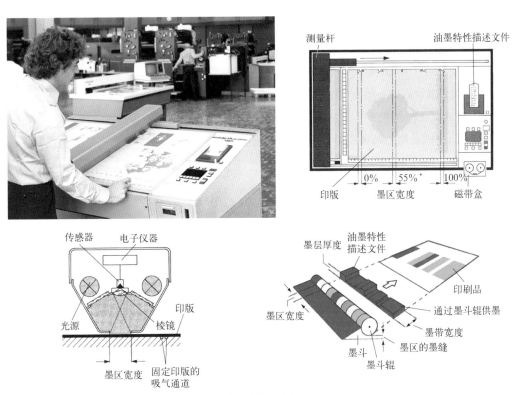

图 4-7 印版图像测试装置 CPC3

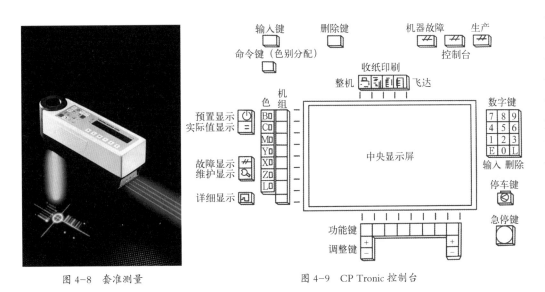

图 4-8 套准测量

图 4-9 CP Tronic 控制台

CP Tronic 具有预选择、运行状态显示以及故障诊断和维修信息显示功能，可输入与作业有关的设定值，如印刷速度、印数、润湿液用量等，运行状态显示可使操作人员及时了解印刷作业进度，当印刷机发生调节错误或故障时，监控系统会将故障类型和相关部位准确显示在屏幕上。另外，CP Tronic 还能控制自动更换印版，可以根据输入的纸张尺寸和厚度，自动调节输纸、收纸和定位装置。

（3）CP2000 控制系统

CP2000 是海德堡公司于 1998 年推出的全彩色触摸屏式操作系统，它秉承了 CPC 系统的所有功能，其基本结构如图 4-10 所示，相对于 CP Tronic 来说，它的操作更加简单、方便，且功能更加强大，并可将印前、印刷以及印后上光等工艺联为一体，操作时，只需轻按屏幕上相应的键，就可以输入相关数据控制机器，图 4-11 为 CP2000 外形图。

2）小森 PAI 控制系统

小森印刷机采用的 PAI 控制系统包括自动化作业准备系统 AMR 和印刷品质量控制系统 PQC 两部分，其系统框架如图 4-12 所示。

（1）自动化作业准备系统 AMR

AMR 自动化作业准备系统具有自动换版、自动套准、配色控制、自动调整输纸、收纸和定位装置以及自动清洗墨辊和橡皮布的功能。自动换版系统分为全自动换版系统和半自动换

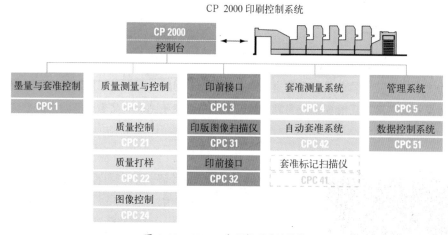

图 4-10　CP2000 印刷控制系统结构

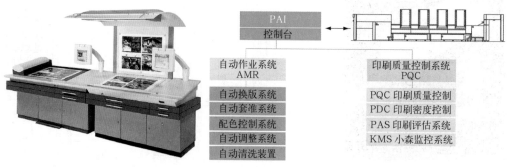

图 4-11　CP2000 外形图　　　　　图 4-12　小森 PAI 系统框架

版系统,可实现多个机组同时换版,一套四色印版可在 3 分钟内装好,装版精确度可控制在 0.05 以内；自动套准系统可控制印版周向和轴向的自动套准以及印版滚筒的借动；配色控制系统可以通过印版扫描装置自动控制各色组的给墨量和给水量,实现自动配色和调节水墨平衡；自动调整系统可以根据纸张尺寸实现输纸、收纸和定位装置的自动调节。

（2）印刷品质量控制系统 PQC

印刷品质量控制系统由印刷质量管理系统、印刷密度控制、印刷评估系统和监控系统组成。PQC 系统配有墨斗辊、供墨量、润湿液和印版位置校正自动控制装置,印刷评估系统可以不停机对印品质量进行自动检测,将检查出来的问题反馈给操作者以便及时纠正,操作者通过监控系统可了解印刷过程的运行情况,以保证机器的正常运行。

3）罗兰 PECOM 控制系统

罗兰印刷机采用的 PECOM 控制系统由印刷过程电子控制系统 PEC、印刷过程电子组织系统 PEO 和印刷过程电子管理系统 PEM 三部分组成,如图 4-13 所示。

（1）印刷过程电子控制系统 PEC

印刷过程电子控制系统 PEC 是 PECOM 的核心,它主要由以下几个部分组成：

①遥控供墨装置 RCI

RCI 主要由油墨计量装置和供墨遥控装置组成,可直接在控制台上显示和调节各色组墨量大小,也可以根据印版电子扫描仪读取的印版图文信息进行各色组墨量预设。

②计算机墨量控制 CCI

CCI 可通过彩色密度测量设备测量印刷画面的颜色控制条,将测量值与标准值进行比较,可以精确地迅速反映出墨色的微量变化,计算出需要校准的数据,进行墨色校正。

③自动定位装置 ASD

ASD 可根据纸张的尺寸自动控制输纸、收纸和定位装置,印刷前将纸张的规格输入到控制中心,此时横向引导纸堆定位和吸嘴位置就会自动调整,侧规装置和收纸装置的调节也会

图 4-13 罗兰 PECOM 控制系统

自动跟踪输纸机进行。在纸堆两侧装有监测仪器，必要时会根据需要自动调节纸堆位置。

④压力自动调节装置 APD

APD 可根据输入的纸张厚度值，使橡皮滚筒自动移动到与压印滚筒之间恰当的位置上，各色组的印刷压力调节都可以在控制台上完成。

⑤滚筒自动定位装置 ACD 和自动换版系统 PPL

当需要更换印版时，按动操作按钮，滚筒自动定位装置将使印版滚筒自动旋转到换版的最佳位置，然后将新印版插入版夹中，启动自动换版系统 PPL，印版便能够准确地安装在印版滚筒上。

⑥印版定位及质量放大器 RQM

使用 RQM 进行套准调节，可选择画面细微部分放大作为参考值，并自动输入到其他色组，计算出各色组的偏差值，再启动定位键便可自动完成印版的纵向和横向校正工作。

⑦橡皮滚筒自动清洗装置 ABD 和墨辊自动清洗装置 ARD

ABD 和 ARD 由印刷控制中心控制，可进行清洗程序预设或调用已存储的清洗程序，实现橡皮布和墨辊的快速自动清洗，减少停机时间，提高印刷生产效率。

（2）印刷过程电子组织处理器 PEO

PEO 负责组织印刷生产的各部分工作，包括印版扫描、监视器和印刷功能检查以及印刷技术指令准备等组织处理工作。

（3）印刷过程电子管理系统处理器 PEM

PEM 主要负责印刷作业准备，它连接于技术准备工作站 TPP，TPP 是连接印刷车间和印刷管理层之间的纽带，通过 TPP 可以进一步连接到 PEO 和 PEC，构成一个集成化的印刷网络。PEM 可以向用户提供报价的相关数据，并计算出生产加工费用，确定最合理的工艺方案，如果用户接受了方案，就可以直接将成本核算用于活件的加工过程，在最短的时间完成印前、印刷和印后各阶段加工的准备。通过 PEM，操作人员可以在远离车间的生产管理办公室内进行印刷机的所有技术命令准备，包括纸张幅面尺寸、油墨调节参数、印刷压力、印刷色序、印刷数量以及印刷速度的设定，也包括辅助设备如喷粉器、润湿液控制装置和清洗系统等的准备工作。在印刷前通过网络将有关数据直接传给印刷机，而在印刷的同时，又可以将运行数据传回到 TPP 工作站，随时监控实际生产过程状况。

4）高宝 OPERA 控制系统

图 4-14 为高宝印刷机控制台，它采用的是 OPERA 控制系统，该系统由多个模块组合而成，可实现全数字化的数据交流。

OPERA 控制系统由 Ergotronic 控制台、Colortronic 系统、Scantronic 印版扫描系统、Densitronic 密度测

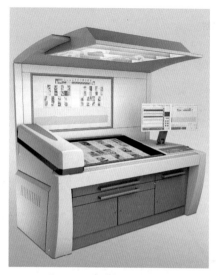

图 4-14　高宝印刷机控制台

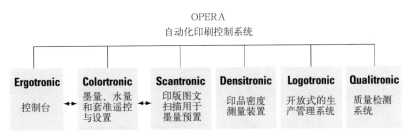

图 4-15　高宝自动化印刷控制系统结构

量系统、Logotronic 生产管理系统和 Qualitronic 质量检测系统组成，如图 4-15 所示。

Ergotronic 是 OPERA 控制系统的核心，在该控制台上可以启动所有的程序，对印刷机进行各种调节，控制印刷生产。

Scantronic 主要用于油墨预置，该系统通过扫描仪测量印版数据，并将测得的数据换算成每个墨区所使用的伺服数据，进行油墨设置。

Densitronic 可完成印刷图像表面有关印刷质量参数的测定，并将测量结果传递给 Colortronic 系统，通过 Colortronic 系统及时进行质量调节，以确保印刷品质量。

Colortronic 用于对供墨和润版装置以及印版套准装置进行遥控调整。其中对油墨的设定可通过 Scantronic 扫描待印印版获得，也可以通过 Densitronic 密度测量系统对印刷品进行测量获得，还可以通过 Logotronic 从其他途径获得，比如印前数据或其他印刷机上的数据。

Qualitronic 能在印刷机高速运行的状态下对印刷品进行扫描，并与参考样张进行比较，将不合格的印张进行标记，剔除有缺陷的印张。

Logotronic 通过局域网可以将印刷生产车间、印前制作部门以及印刷企业的其他各行政管理部门联系起来，为各部门之间的数据交换提供服务，使印刷企业内部的各种作业传票实现数字化。

4.2　印刷机控制系统的操作

不同品牌印刷机的控制系统有不同的操作界面，下面以海德堡 CP2000 控制系统为例，介绍平版印刷机控制系统的操作。

4.2.1　中央控制台的基本组成和操作界面

海德堡平版印刷机的 CP2000 中央控制台如图 4-16 所示，由触摸屏、控制面板、墨区调节面板和看样台等几部分组成。

触摸式的显示屏使操作人员只需轻轻按触屏幕上相应的按键，便可对印刷机输入各种指令和更改印刷机各项设置。中央控制台上的控制面板包括印刷生产、停车、走纸、计数、加速和减速等指令按键，如图 4-17 所示。墨区调节面板则可遥控印刷机各色组的分区墨量大小，如图 4-18 所示。

当印刷机电源接通后，中央控制台的显示屏上将出现 CP2000 操作界面，如图 4-19 所示，

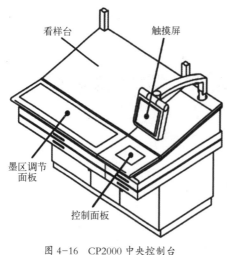

图 4-16　CP2000 中央控制台

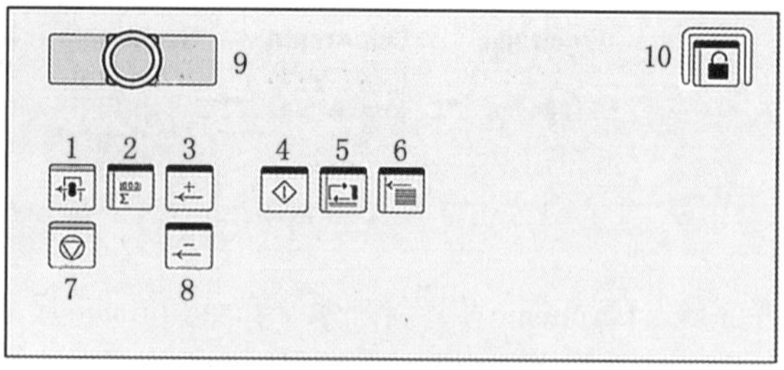

图 4-17　CP2000 的控制面板
1- 生产指示灯（绿色）；2- 计数器开关（开启时，灯亮）；
3- 加速键；4- 运行；5- 飞达开关（开时灯亮）；
6- 走纸开关（开时灯亮）；7- 停车（红色）；8- 减速键；
9- 急停；10- 锁定控制面板（锁定后灯亮）

图 4-18　CP2000 的墨区调节面板

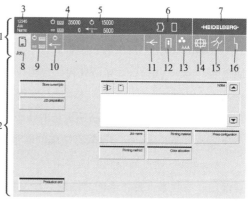

图 4-19　CP2000 操作界面
1- 菜单栏；2- 主页；3- 活件名称；4- 计数器；5- 印刷速度；
6- 状态显示；7- 在线帮助；8- 印刷作业；9- 走纸数量；
10- 走纸速度；11- 走纸；12- 印刷功能；13- 油墨／润版液；
14- 套准；15- 清洗；16- 故障

它包括两部分:菜单栏 1 和主页 2。菜单栏总显示在屏幕的上方,不管主页上显示何种状态的菜单,菜单栏的格式总是固定不变的。菜单栏的第一行内容依次为活件名称 3、计数器 4、印刷速度 5、状态显示 6，以及在线帮助 7。菜单栏的第二行依次显示印刷作业 8、走纸数量 9、走纸速度 10、走纸 11、印刷功能 12、油墨 / 润版液 13、套准 14、清洗 15 和故障 16 等菜单按键，按下菜单栏的按键，主页上会出现相应的子菜单，使用者可以选择功能或输入数据，对印刷机进行预设。

在 CP2000 操作界面中，只需轻轻按下显示屏上的相应按键，便可执行相关操作，CP2000 显示屏上的常用按键如图 4-20 所示:

菜单按键的上方有灰色条纹，按下菜单按键可进入子菜单;

选择功能按键可执行某一指令或更改设置;

菜单或功能按键高亮度显示时，表示被选中;

如果某一菜单功能不可选时，将以灰色显示;

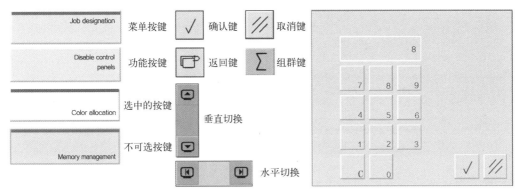

图 4-20 CP2000 显示屏上的常用按键　　　　图 4-21 CP2000 的数字键

按下确认键可存储更改和输入的内容，并关闭当前菜单；

选择取消键则不存储更改和输入的内容，并关闭当前菜单；

选择返回键，可返回前一级菜单，并关闭当前菜单；

利用箭头按键可以横向和垂直切换屏幕；

选择组群按键，可以同时选择多个印刷色组或同时对多个色组下作业指令。

另外，在 CP2000 操作界面的某些菜单下还有数字键，如图 4-21 所示，按下相应数字键，数值会显示在屏幕上，按下"C"键可删除最后一位数，按下确认键可确认输入值并关闭窗口，按下取消键可放弃输入数值并关闭窗口。

4.2.2　印刷作业设置

印刷作业菜单中包含了对当前印件的名称、印刷材料、印刷机配置、印刷方法、印刷色序安排等设置，如图 4-22 所示，当印刷作业设置完成后，可以以任意名称保存起来。

按下"Save current job"按键，打开存储作业菜单，如图 4-23 所示，将列出"作业序号"1、"作业名称"2 和"客户名称"3 等信息。点击"Name/rename"可对"作业序号"、"作业名称"和"客户名称"等信息进行修改，按下按键5，可打开数据存储位置菜单，从列出的数据存储位置表中选择存储位置，当所有的输入完成后，按下键6进行确认，或按下键7进行删除。

按下图 4-22 中按键2，可调出"预览"菜单，在此菜单中能显示所选印刷作业印刷图像的预览。

按下图 4-22 中"Notes"键4，可利用弹出的字母键盘输入当前作业的注释文字，输入完毕后，可按确认键确认。

按下图 4-22 中"Job name"键5，打开作业设计菜单，可创建一个新的作业，在弹出的菜单栏中分别输入作业序号、作业名称、用户等信息，并按确认键确认或按删除键取消，新作业的输入数据需用"Save current job"菜单进行存储。

按下图 4-22 中"Printing method"键6，打开印刷方法菜单，可以为每个印刷色组选择酒精润湿、非酒精润湿、无水胶印和 UV 油墨印刷等工艺方案。

按下图 4-22 中"Printing material"键7，可打开印刷材料子菜单，输入纸张尺寸数据（长

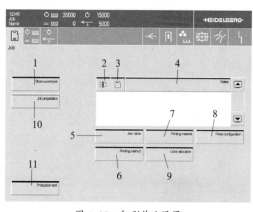

图 4-22 印刷作业设置

1- 存储当前作业；2- 预览；3- 印件存放袋；4- 注解；
5- 作业设计；6- 印刷材料；7- 印刷机配置；8- 印刷方法；
9- 颜色分配；10- 作业准备；11- 结束生产

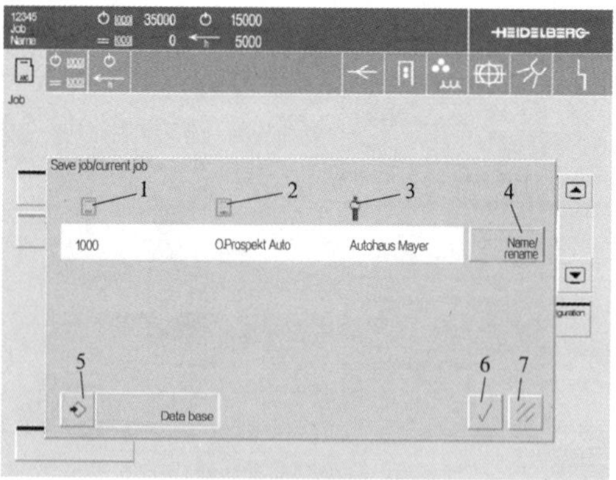

图 4-23 存储当前作业菜单

1- 作业序号；2- 作业名称；3- 客户；4- 命名／重新命名；
5- 存储位置；6- 确认；7- 删除

度、宽度和厚度），并设置侧规方向和纸张翻转模式。

按下图 4-22 中 "Press configuration" 键 8，打开印刷机配置菜单，可以选择每个印刷色组是否印刷。

按下图 4-22 中 "Color allocation" 键 9，打开颜色分配菜单，可以将各种颜色的油墨分配到相应的印刷色组上，安排印刷色序。

按下图 4-22 中 "Job preparation" 键 10，打开作业准备菜单，可在当前作业正在印刷的状态下，输入下一个作业的全部数据，包括作业设计、印刷材料、印刷机配置、颜色分配等菜单的设置。

4.2.3 输纸与收纸的操作

1）输纸堆纸台的调整

按下图 4-19 中的走纸键 11，"Paper run" 菜单将出现在显示屏上，再按下输纸堆纸台键 1，如图 4-24 所示，显示屏将显示输纸堆纸台菜单，通过 +/- 按键 2，可调节纸堆每次自动提升的增量。

按下图 4-24 中的键 4，可打开或关闭风量速度补偿，打开时，风量大小会随着速度的增加而增加，关闭时，风量保持不变。使用 +/- 按键 3，可手动调节风量速度补偿强度或吹风量，当风量速度补偿开时，补偿强度调节范围为 0 至 100%，当速度补偿关闭时，手动调节风量范围为 20% 至 100%。

2）纸张校正和歪张控制

按下图 4-24 中的键 5，可打开或关闭纸张校正自动操作，如果采用手动操作校正纸张，可使用控制台上的控制箭头移动纸堆。

打开电源后，纸张歪斜控制会默认设置为自动模式，如需切换，可按图 4-25 中的输纸按键 1，出现图 4-25 所示的输纸菜单，按下键 2 和键 3 可分别打开或关闭歪张和纸张到达自动控制，手动调节可利用箭头键校正纸张至合适数值。

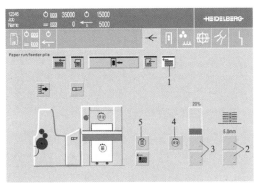

图 4-24 堆纸台调节
1- 输纸堆纸台；2、3- 调整键；4- 风量速度补偿开关；
5- 纸张自动校正开关

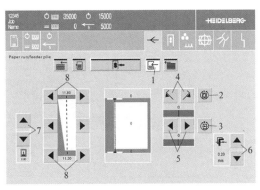

图 4-25 纸张歪斜校正
1- 输纸；2- 歪张控制开关；3- 纸张达到自动控制开关；
4、5、6、7、8- 调整键

3）传纸滚筒下方的风扇设置

通过走纸功能菜单，可以分别打开或关闭每一印刷单元传纸滚筒下方的风扇，如图 4-26 所示，按下印刷单元按键，然后利用风扇选择按键打开或关闭各印刷单元的风扇。

4）收纸装置的设置

（1）平纸器、烘干装置和喷粉装置的设置

在走纸功能菜单下，可对平纸器、烘干装置和喷粉装置的开关进行设置，如图 4-27 所示，使用喷粉装置按键可打开或关闭喷粉装置，使用烘干按键可打开或关闭烘干装置，使用吸风按键则可打开或关闭平纸器的吸风。当某一功能打开时，其相应的标识符号会显示在印刷机轮廓图下。

（2）导纸吸风与减速机构的设置

在走纸功能菜单下，按下收纸按键，弹出收纸设置菜单，如图 4-28 所示，使用导纸吸风按键，可打开或关闭导纸吸风，在此菜单下，还可以使用 +/- 按键分别调节纸张减速机构的速度和喷粉量。

（3）取纸器设置

在走纸功能菜单下，按下收纸台按键 1，如图 4-29 所示，可进行取纸器设置。使用 +/- 调整键 2，可设置插入取纸插和取纸之间的印刷机转数，由于纸张很容易从取纸器上滑落下来，

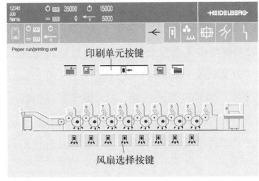

图 4-26 传纸滚筒下方的风扇设置

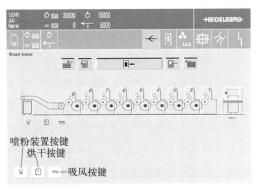

图 4-27 平纸器、烘干装置和喷粉装置的设置

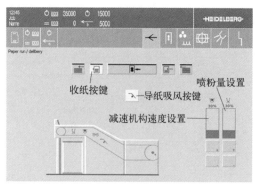

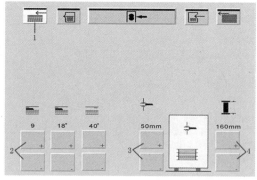

图 4-28　导纸吸风与减速机构设置 图 4-29　取纸器设置
1- 收纸台按键；2、3、4- 调整键

所以取纸器上的纸张不宜过多，取纸最短的停滞时间为 1 转，最长的停滞时间为 9 转，标准设置为 1 转。

为了便于插入取纸插，需要降低纸堆高度，使用 +/- 调整键 3，可设置第一次纸堆降低高度，数值在 10~300mm 之间，使用 +/- 调整键 4 可设置取纸插完全插入后的第二次纸堆降低高度，数值在 0~300mm 之间。

4.2.4　定位装置的设置

1）侧规的设置

对于具有预置功能的印刷机来说，当在 "Printing material" 菜单中输入纸张幅面和厚度数据后，侧规位置及压纸舌高度会自动设置好。若要更改，可进行如下操作：

在走纸菜单下，按下输纸键 1，如图 4-25 所示，使用箭头 6 调整侧规压纸舌高度，调整范围为 0.10~1.90mm，使用箭头 7 则可调节侧规位置，调整范围为 -5.00~5.00mm。

对无预置功能的印刷机，可参照项目二中介绍的方法进行侧规调节。

2）前规的设置

使用图 4-25 中的箭头 8 可进行前规的设置，第一行的两个箭头键可以调节传动面前规的位置，第三行的两个箭头键可调节操作面前规的位置，中间的两个箭头键则可同时调节传动面和操作面前规的位置。

3）印刷套准的调节

利用套准功能菜单，可以调节印版滚筒轴向、周向和斜向位置，如图 4-30 所示，利用印刷单元按键 1 选择需要调节的印刷单元，使用数字键盘输入套准数值，输入的数值将被加到以前的设置中去，轴向和周向调整范围为 -1.95~+1.95mm，对角调节范围为 -0.15~+0.15mm，然后按下需要调节的套准按键，2 为周向套准按键，3 为轴向套准按键，4 为操作面对角套准按键，5 为传动面对角套准按键，根据输入的数据，印刷机将自动完成相应的套准调节，显示屏 6 返回 0.01 的标准数值。套准显示屏 7 将会显示印刷在纸张的效果图，以毫米为单位的调整值也会显示在效果图的上方或下方。

需要注意的是，按下套准按键后，所选印刷单元的套准就只能由显示屏上的数值来调整和改变了。

在套准功能菜单下，按下"Pull lay"键8，也可以通过调节前规和侧规的位置来达到套准的要求，如图4-31所示，调节方法可参照走纸功能菜单下前规与侧规的调节。

如果印刷机配置了自动套准系统，则可利用印张上的自动套准控制标记实现自动套准，自动套准控制标记如图4-32所示，可以用来控制轴向、周向和对角的套准。

在图4-30中通过按下"AUTOREG"键9，将弹出如图4-33所示的自动套准控制菜单。

操作人员先要确定一种颜色作为套准参考标记，其他颜色的调整必须与这个颜色保持一致，通常采用第一色组的黑色为标准色（图4-33中的1），如果要用其他颜色作为参考标记，可用箭头键进行选择。

设置完标准色后，按下印刷单元组群键2，可选择所有印刷单元的自动套准控制，如果只选择几个印刷单元的自动套准控制，则只需按下或释放相应的印刷单元按键3，然后利用控制键4来确认或取消所有的自动套准设置。

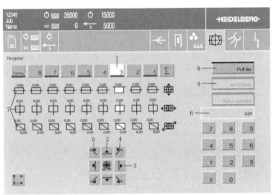

图4-30 套准调节

1- 印刷单元按键；2- 周向套准按键；3- 轴向套准按键；
4- 操作面对角套准按键；5- 传动面对角套准按键；6- 显示屏；
7- 套准显示屏；8- 前规和侧规调节；9- 自动套准调节

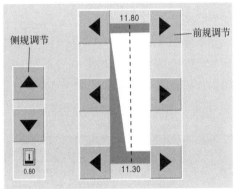

图4-31 套准菜单下调节前规和侧规

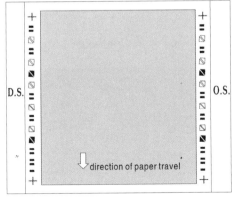

图4-32 自动套准控制标记

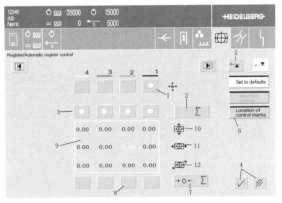

图4-33 自动套准控制菜单

1- 套准参考标准；2- 印刷单元组群键；3、8- 印刷单元按键；
4- 确认／删除键；5- 翻转印刷转换键；6- 控制标记的位置按键；
7- 套准0位键；9- 显示屏；10- 周向套准；11- 轴向套准；
12- 斜向套准

另外，自动套准菜单还包括以下功能：对于带翻转装置的印刷机来说，可使用普通印刷与翻转印刷之间的转换按键 5 来选择翻转装置前面和后面的自动控制系统；按下控制标记位置按键 6，可输入自动套准控制标记到印版边缘的距离，对控制标记进行定位；按下套准 0 位键，可将所有色组的套准调至"0"位，这时可以利用印刷单元按键 8，逐一选择印刷单元手动输入套准值，并显示在显示屏 9 上，第一行数字 10 表示周向调节数值，第二行数字 11 表示轴向调节数值，第三行数字 12 表示对角方向调节数值。

4.2.5 印刷装置的操作

1）印刷压力的调节

一般来说，在进行印刷作业设置时，印刷压力已经在印刷作业功能菜单中的预设功能自动设置好了，如果需要重新调节印刷压力，可以在印刷功能菜单下，按下图 4-34 中的印刷压力调整组群键，打开如图 4-35 所示的印刷压力调节菜单，选择印刷单元，利用 +/- 调整键设置所选印刷单元的压力，然后按返回键退出菜单，设置好的印刷压力将显示在图 4-34 中相应印刷单元的下方。

另外，按下图 4-34 中的印刷单元组群键，打开如图 4-36 所示的预览菜单，再按下印刷压力调整组群键，打开如图 4-35 所示的印刷压力调节菜单，进行各印刷单元的压力设置。还可以直接在图 4-34 的印刷单元菜单中直接选择一个印刷单元，打开如图 4-37 所示的菜单，利用 +/- 调整键设置所选单元的压力。

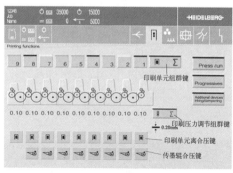

图 4-34 印刷功能菜单

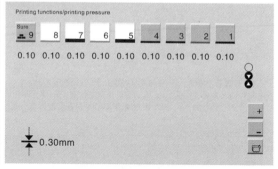

图 4-35 印刷压力调节菜单

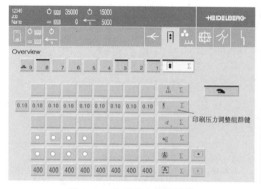

图 4-36 印刷压力预览菜单

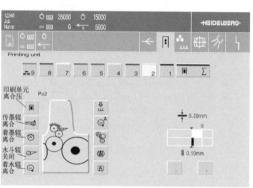

图 4-37 调节一个印刷单元的印刷压力

2）离合压操作

（1）一个印刷单元离合压

在印刷功能菜单下，直接按下图 4-34 中的印刷单元离合压按键，可实现其对应印刷单元的合压或离压。也可以先在印刷功能菜单中选择一个印刷单元，打开图 4-37 所示的印刷单元菜单，然后按下离合压按键，使所选中的印刷单元合压或离压。

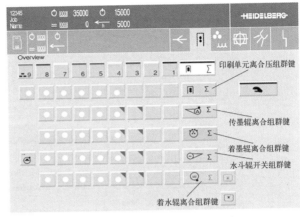

图 4-38　印刷单元同时离合压操作

（2）印刷单元同时离合压

按下印刷功能菜单中的印刷单元组群键，打开预览菜单，如图 4-38 所示，按下印刷单元离合压组群键，使所有印刷单元同时合压或离压。

4.2.6　输墨装置与润湿装置的操作

1）水、墨辊离合压

在图 4-34 中，使用传墨辊离合键，可使选择的印刷单元传墨辊离合，也可以在印刷功能菜单下，选择一个印刷单元，打开图 4-37 所示的菜单，分别使用传墨辊离合键和着墨辊离合键，实现传墨辊和着墨辊的离合，使用水斗辊关闭和着水辊离合键，可进行水斗辊开关和着水辊离合操作。还可以在图 4-38 的预览菜单中，使用传墨辊离合组群键和着墨辊离合组群键，使所有印刷单元的传墨辊和着墨辊同时离合，或者在传墨辊离合和着墨辊离合一行中，按下所操作印刷单元的相应按键，使所选择的印刷单元的传墨辊和着墨辊离合，同理，使用水斗辊开关组群键可打开或关闭所有印刷单元的水斗辊，使用着水辊离合组群键则可实现所有印刷单元的着水辊同时离合。

2）水、墨量调节

（1）墨斗辊和水斗辊转速的调节

打开油墨／润版液菜单，如图 4-39 所示，可以调节每一印刷单元的油墨量，在印刷单元按键的上方，以"％"表示墨量和水量大小，水、墨量设置后，印刷机通过水斗辊和墨斗辊的速度来进行调整。

调节墨量时，先用数字键输入调整值，然后通过印刷单元下方的"+"键增加墨量，或用"-"键来减少墨量，印刷单元的现有数值将加

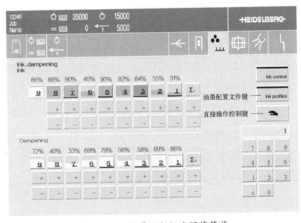

图 4-39　油墨／润版液调节菜单

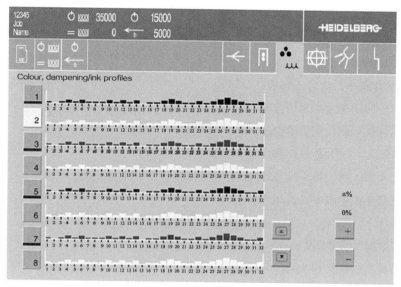

图 4-40　油墨特性设置菜单

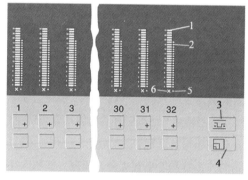

图 4-41　墨区调节菜单
1- 粗调显示；2- 精调显示；3- 墨组选择；
4- 粗调显示和精调显示切换；5- 墨组显示灯；
6- 取消时的指示灯显示

上或减去新输入的调整数值，形成新的墨量。如要同时调节所有印刷单元的墨量，用数字键输入数值后，可直接按墨量组群键，并使用其下方的"+"键增加墨量，或用"−"键来减少墨量，完成所有印刷单元的墨量调节。用同样的方法，可调节印刷单元的水量大小。

（2）墨区间隙调节

在油墨／润版液功能菜单中，按下"Ink profiles"键，可打开如图 4-40 所示的油墨配置文件菜单，选择需要调节的印刷单元，使用"+"或"−"按键，可打开或关闭所选印刷单元的墨区，按键上方显示以百分比表示的改变量，墨区显示屏上的条状图表示印刷单元各墨区的墨量，显示条表示对应的计量辊已打开。

在图 4-39 中，按下直接操作控制键，可对各墨区墨量进行调节，如图 4-41 所示，每个墨区上有 25 个粗调显示灯和 20 个精调显示灯来表示墨量，粗调增量为 4%，精调增量为 0.2%，墨量调节范围为 0~100%。

当油墨计量辊关闭后，即墨区间隙为 0 时，粗调显示灯 1 和精调显示灯 2 都灭。每个墨区都有墨组指示灯 5，墨区指示灯亮，表示该墨区与其他墨区合并为一组，改变该组中一个墨区的间隙会影响到其他墨区的间隙。按下墨组选择键 3，并利用 +/− 调整键，可对墨区进行分组。按下键 4，可以对粗调显示和精调显示进行切换，使用 +/− 调整键可打开或关闭油墨计量辊，即打开或关闭墨区。

4.2.7 自动清洗操作

　　如果印刷机配置了自动清洗装置，则可利用清洗功能菜单进行印刷机自动清洗操作。在操作界面的功能菜单栏中按下"清洗"按键，即打开如图4-42所示的印刷机自动清洗菜单。按下"Change of program"键，可打开清洗程序更改菜单，操作人员可以为每一印刷单元分配一个清洗程序，并进行清洗程序设置，包括命名、清洗液用量、清洗时间以及清洗液类型的设置。清洗程序分配好后，在清洗菜单下，通过按下相应的按键，可分别启动橡皮布清洗、压印滚筒清洗、墨辊清洗、印版清洗以及墨斗辊清洗程序，完成印刷机的自动清洗。

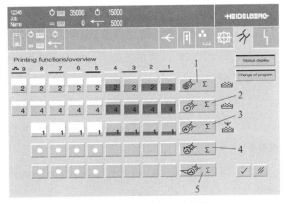

图 4-42　自动清洗操作菜单
1- 橡皮布清洗；2- 压印滚筒清洗；3- 墨辊清洗；
4- 印版清洗；5- 墨斗辊清洗

4.2.8 故障诊断操作

　　如果印刷机在工作过程中出现故障，CP2000操作界面的故障功能按键指示灯会亮起，此时，按下故障功能按键，将显示如图4-43所示的故障诊断菜单。1为印刷机输纸系统、各印刷单元和收纸装置等按键，如果哪一部分出现了故

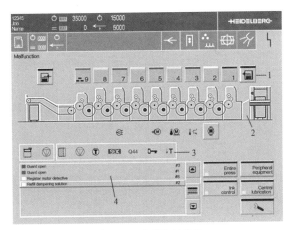

图 4-43　故障诊断菜单
1-印刷单元、输纸系统和收纸系统；2-印刷机轮廓图；
3-故障标识符；4-故障说明

障，将以黄色或红色方块表示出来，按下按键，可弹出相应的故障菜单，显示具体的故障信息；2为印刷机轮廓图，可以标明印刷机故障发生的具体位置；3为故障标识符，表示发生故障的类型；4为故障说明，以简短的文字说明故障原因，并指出故障发生的位置。

　　在图4-43中，按下"Entire press"键，可打开整机故障菜单，可显示主电机、电源、中央气源、排气清洁系统等部件的故障；按下"Peripheral equipment"键，可打开外围设备故障显示菜单，可显示出喷粉装置、水箱等部件的故障；按下"Ink control"键，可打开墨色控制故障显示菜单，可显示出各印刷单元32个墨区电机的状态，如果某个墨区的电机损坏了，就会以黄色的背景显示出来；按下"Central lubrication"键，可打开中央润滑系统故障显示菜单，可以显示出印刷机机油和黄油润滑系统的工作状态，如果机油和黄油润滑线路没有工作，将以黑色显示，如果机油和黄油润滑线路出现故障，将以黄色显示。

项目小结

本项目介绍了平版印刷机控制系统的基本功能，常见平版印刷机控制系统的基本组成，并以海德堡 CP2000 控制系统为例，详细介绍了平版印刷机控制系统的操作方法。

课后练习

1）平版印刷机控制系统通常包含哪些控制功能？

2）海德堡 CP2000 控制系统和小森 PAI 控制系统各由哪几部分组成，各具有哪些控制功能？

3）利用海德堡 CP2000 控制系统设置各印刷单元水、墨量大小，并设置各印刷单元的印刷压力。

4）利用海德堡 CP2000 控制系统进行套准调节。

项目五　平版印刷机的维护与保养

项目任务

1）描述平版印刷机不同部件的维护与保养要求，以及所需的工具和材料；

2）按照平版印刷机的保养要求定期对印刷机各部件进行维护与保养。

重点与难点

1）润滑油的选择；

2）平版印刷机不同部件的保养要求；

3）平版印刷机的润滑点和润滑周期。

建议学时

8学时。

为了保证印品质量，延长印刷机使用寿命，在印刷生产过程中，必须严格做好印刷机的日常维护与保养。对印刷机进行维护和保养，主要包括印刷机使用前后的清洁和润滑工作，清洁印刷机主要是擦净机器内外墨迹、油污，清除杂物、废纸，保持水辊、墨辊、印刷滚筒的表面清洁，并去除输纸系统、收纸系统、电机、气泵等部件以及生产车间地面的油污和粉尘，使印刷机保持本色，不出现锈蚀现象，对印刷机相应的保养部位加油润滑，可减少传动部件的磨损，防止印刷机过快老化，延长印刷机寿命。

5.1　平版印刷机的润滑材料与润滑装置

5.1.1　润滑剂种类与选用

1）润滑剂的种类

平版印刷机保养常用的润滑剂通常有三类：润滑油、润滑脂和固体润滑剂。

润滑油是平版印刷机用得最多的一种润滑剂，其特点是流动性大，内摩擦因数低，具有冷却作用，尤其以循环润滑系统的冷却效果更为显著，可适用于高速印刷机的润滑。印刷机保养使用的润滑油主要是矿物油和合成油，矿物油是以天然石油为原料，经过一系列加工得到的润滑油，因其价格低廉，在印刷机上用量最大；合成油是通过化学合成的方法制备的润滑油，润滑效果优于矿物油，但生产成本高。

润滑脂，又称为黄油，是将一种或几种稠化剂分散到一种或几种液体润滑油中，形成的一种固体或半固体混合物。在常温和静止状态下，润滑脂像固体一样，能黏附在摩擦表面而不滑落，在高温或受到一定外力时，又能像液体一样流动进行润滑。使用时不需要复杂的密封装置和供油系统，适用于开封或密封不良的磨损部件，在印刷机不好经常加油的部位使用较为有利，而且使用的温度范围比润滑油更宽。

固体润滑剂是利用云母、石墨、皂石粉与二硫化钼等固体粉末来减少两相对运动表面之间的摩擦和磨损，其特点是对零件表面的附着力较小，且缺乏流动性，可在高温高压下长期可靠地起润滑作用。

2）润滑剂的选用

在印刷机保养过程中，通常需要根据不同部件的润滑要求选用润滑剂，具体选择哪一种润滑剂，可从以下几个方面进行考虑：

（1）部件的运动速度

对于快速运动的部件，一般选择低黏度的润滑剂，以便快速渗入到摩擦处，保证良好的润滑，并减少能量消耗。

（2）部件承载情况

如果运动部件承载较大压力或连接处间隙较大，一般选用黏度高的润滑剂，以防止润滑剂漏出。

（3）部件工作温度

如果部件在高温条件下工作，需选用蒸发点高的润滑剂，以防止润滑剂过快流失，失去润滑性能。

5.1.2 平版印刷机的润滑装置

1）循环润滑装置

在印刷机两墙板的外侧，有较多的传动齿轮、轴承等，它们均采用循环润滑装置，进行自动润滑。图 5-1 为印刷机循环润滑装置，贮油箱内的润滑油经过滤器 1 由导管进入油泵 2 的进油口，油泵的出油口又经导管将油输送至分油器 4，将油分配至各个需润滑的部位，如印刷滚筒轴的滑动轴承，递纸牙摆动轴轴承等。3 为雨淋式喷油嘴，用于润滑传动面墙板外侧的传动齿轮等工作部件，墙板外装有密封罩壳，使回油自动流入贮油箱内。

2）人工润滑装置

在印刷机的一些低速运动或不太重要的部件上，通常采用人工润滑装置，常用的有油眼、黄油嘴和球阀油杯等形式，图 5-2 为常见的人工润滑装置及润滑工具。

油眼是直接在零部件上加工成喇叭口小孔，以注入润滑油，加油方法简单，但不能防止灰尘或脏物，容易被堵塞。

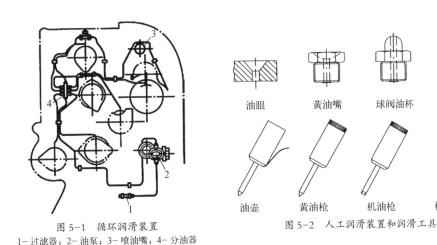

图 5-1 循环润滑装置
1-过滤器；2-油泵；3-喷油嘴；4-分油器

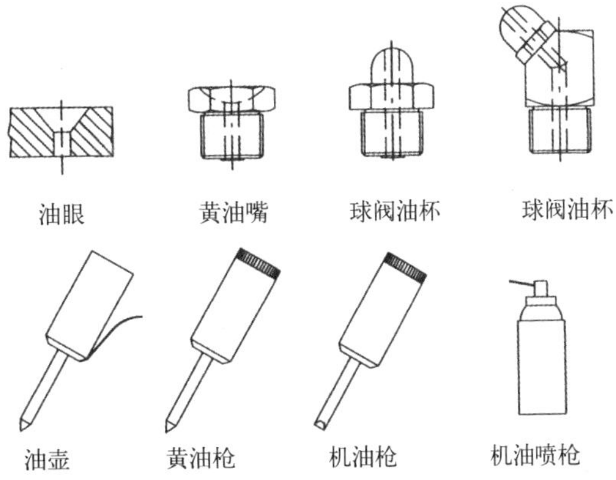

图 5-2 人工润滑装置和润滑工具

　　黄油嘴用于加注润滑脂，即打黄油，须用黄油枪压缩黄油嘴的钢球和压簧使黄油注入，不加注黄油时，压簧会自动顶压钢球，封住黄油嘴，防止脏物进入。

　　球阀油杯可以嵌装在零件表面以下，用于加油量少，不常转动的部件上。球阀油杯也有弹簧顶住钢球，须用加油枪将球压下注入润滑油，可以防止灰尘和脏物进入。

　　3）加油操作

　　加油是指给平版印刷机需要润滑的部位加注润滑剂，它是印刷机操作人员的日常工作，因此，操作人员必须熟悉印刷机的润滑装置，一般来说，在印刷机中凡是构成相对滑动和旋转的，都需要加油润滑。操作人员必须了解印刷机各润滑部位应以什么润滑装置进行润滑，以及使用哪种润滑剂。而且操作人员还要熟悉印刷机各润滑部位的加油周期和加油量，并参照印刷机的使用说明书做好机器的润滑工作。

　　在加油操作时，还要注意以下几个方面的问题：

　　（1）加油要按习惯路线循序进行，以免漏加，同时要留意油眼、油管是否畅通，如有堵塞现象，应及时疏通；

　　（2）加注机油时，要注意季节、气温的变化，选用合适的润滑油，加注润滑脂时，应以能见到新油，并把陈旧脏油挤出为宜；

　　（3）经常检查滤油器表面，随时清除污物，保持进油畅通。

5.2　平版印刷机的保养

　　平版印刷机的维护与保养周期通常包括日保、周保、月保、年保，操作人员要牢记印刷机各部件的保养部位和保养周期，定期给印刷机进行保养，这样才能保证印刷机工作效率，延长印刷机使用寿命，下面以海德堡 CD102 平版印刷机为例介绍平版印刷机各部件的保养方法。

5.2.1　输纸系统与收纸系统的保养

　　1）分纸装置的保养

　　每月要用不掉毛的软布清洁飞达头的旋转阀、递纸吸嘴和分纸吸嘴，如图 5-3 所示，并检查递纸吸嘴和分纸吸嘴上下移动的灵活性，清洁时，注意不能使用润滑油。

　　每半年清洁一次堆纸台板导轨和丝杠，给导轨和丝杠刷黄油，并给黄油嘴加注黄油，如图 5-4 所示。

　　2）输送装置的保养

　　每半年给输纸板上摆动压纸轮的两个油眼加机油，如图 5-5 所示。

　　每半年给输纸带驱动轴轴承中间的 1 个黄油嘴加注黄油，并给压纸轮驱动轴轴承的油眼加机油，如图 5-6 所示。

　　每半年给输纸带导轮轴承的四个黄油嘴（中间两个，传动面和操作面各 1 个）加注黄油，如图 5-7 所示。

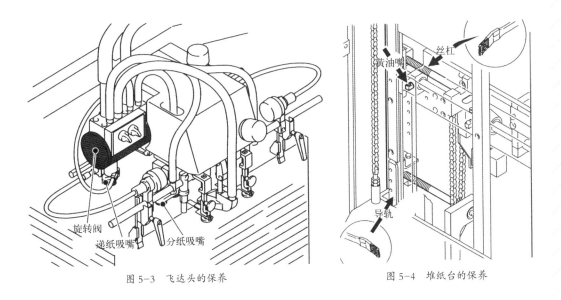

图 5-3　飞达头的保养

图 5-4　堆纸台的保养

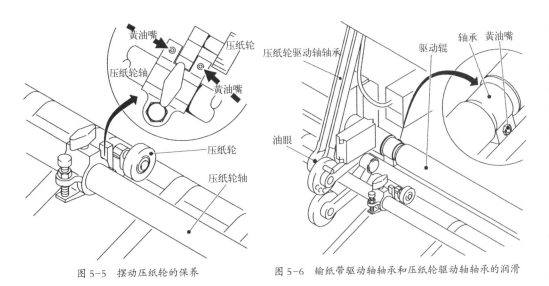

图 5-5　摆动压纸轮的保养

图 5-6　输纸带驱动轴轴承和压纸轮驱动轴轴承的润滑

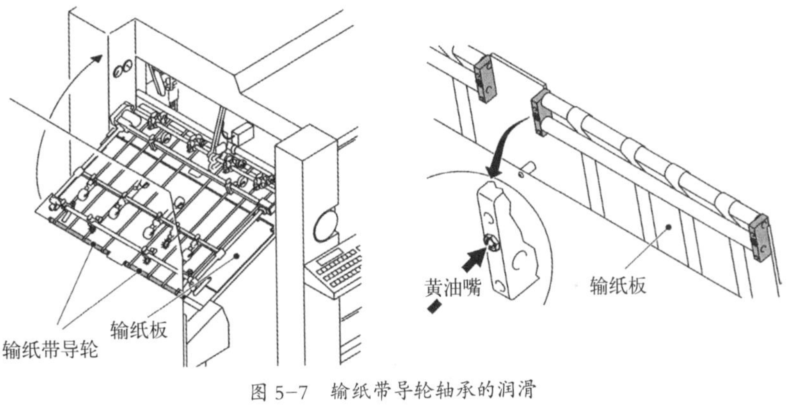

图 5-7　输纸带导轮轴承的润滑

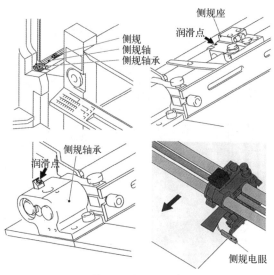

图 5-8　侧规的保养

3）定位装置的保养

每周用软布清洁侧规电眼 1 次，每月给侧规座上的润滑点加机油，每半年给侧规轴承上的润滑点注黄油，如图 5-8 所示。

每天用软布清洁前规操作面和传动面的电眼 1 次，如图 5-9 所示。

4）递纸装置的保养

每半年给递纸牙排开牙球的黄油嘴加注黄油（操作面和传动面各 1 个），如图 5-10 所示。

每月给进纸滚筒位于操作面的 1 个开牙球黄油嘴加注黄油，每半年给进纸滚筒每个咬纸牙的油眼加注黄油（共 10 个油眼），并给进纸滚筒咬纸牙排轴轴承的 7 个黄油嘴加注黄油，如图 5-11 所示。

5）收纸系统的保养

每周给收纸牙排位于操作面的开牙球的黄油嘴加注黄油，每月给位于收纸牙排两端和中间的牙排轴轴承的黄油嘴加注黄油，如图 5-12 所示。

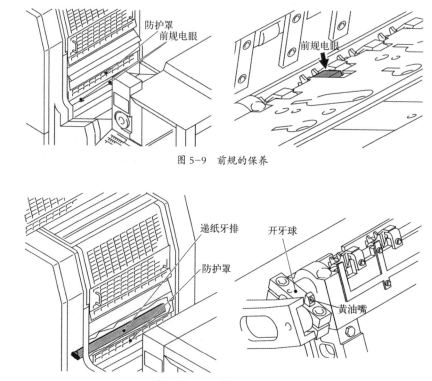

图 5-9　前规的保养

图 5-10　递纸牙开牙球的保养

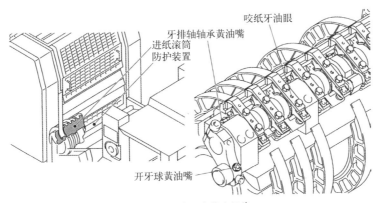

图 5-11　进纸滚筒的保养

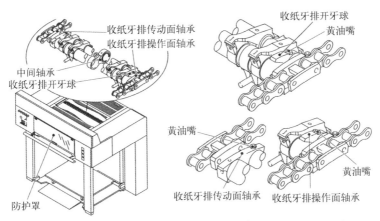

图 5-12　收纸牙排的保养

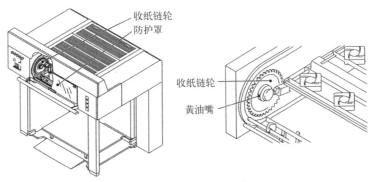

图 5-13　收纸链轮的保养

　　每半年给传动面的收纸链轮的黄油嘴加注黄油，如图 5-13 所示。

　　每周清洁一次纸张减速装置的吸纸辊和驱动轴，并检查吸纸辊横向移动的灵活性。每半年给纸张减速装置吸纸辊驱动轴的黄油嘴加注黄油（操作面和传动面各有 1 个），如图 5-14 所示。

　　每周清洁一次收纸系统的导纸板，如图 5-15 所示，以免吹气孔堵塞。

　　每周利用压缩空气清洁一次纸张减速装置和平纸器的空气滤芯，如图 5-16 所示。

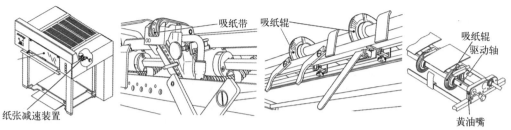

图 5-14　纸张减速装置的保养

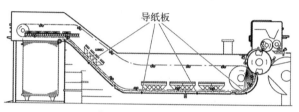

图 5-15　导纸板的保养

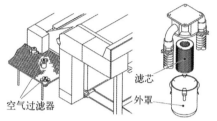

图 5-16　空气过滤器的保养

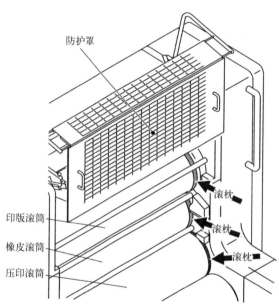

图 5-17　印刷装置滚筒与滚枕的清洁

5.2.2　印刷单元的保养

1）印刷装置的保养

每天用软布清洁各印刷单元印刷滚筒的表面和肩铁，如图 5-17 所示。

每周用软布清洁一次各印刷单元的纸张运行监测装置，如图 5-18 所示。

每月给各印刷单元位于压印滚筒操作面的开牙球打黄油（每排牙 1 个油眼，共 2 排牙），每三个月用钢刷清洁各印刷单元压印滚筒咬纸牙，每半年给压印滚筒牙排轴轴承打黄油（每排牙 7 个油眼，共 2 排牙），并给压印滚筒咬纸牙打黄油（每排牙 18 个油眼，共 2 排牙），如图 5-19 所示。

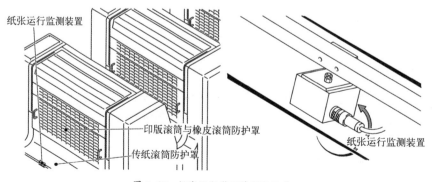

图 5-18　纸张运行监测装置的保养

每周给各印刷单元位于传动面的借滚筒机构的球阀油杯加机油，如图 5–20 所示。

2）供墨装置的保养

每天清洗铲墨器和各印刷单元的墨辊，并清洗墨斗片，如有必要及时更换墨斗片，每半年给各印刷单元墨斗辊轴支架上的黄油嘴加注黄油，如图 5–21 所示，同时给各印刷单元匀墨辊两端的油眼加注黄油。

每半年给各印刷单元的快速给墨操作杆的球阀油杯加注黄油，如图 5–22 所示。

3）润湿装置的保养

每周给各印刷单元润湿装置位于传动面的水斗辊和计量辊驱动机构的三个黄油嘴（黑色箭头指向）加注黄油，如图 5–23 所示，每月给红色箭头所指的黄油嘴加注黄油。

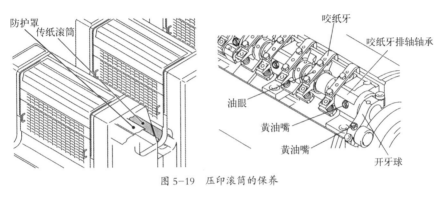

图 5–19　压印滚筒的保养

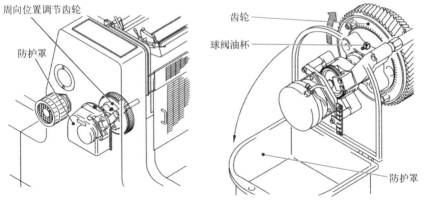

图 5–20　借滚筒装置的保养

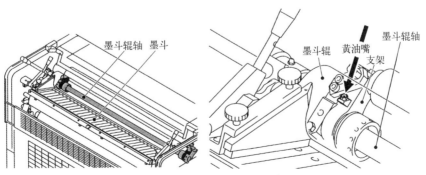

图 5–21　墨斗辊轴支架的保养

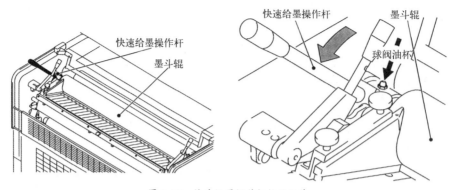

图 5-22　快速给墨操作机构的保养

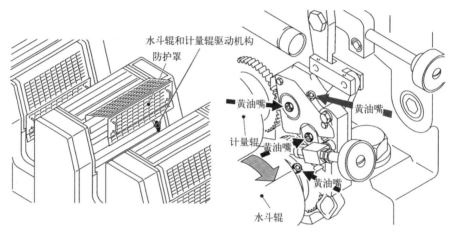

图 5-23　计量辊与水斗辊传动机构的保养

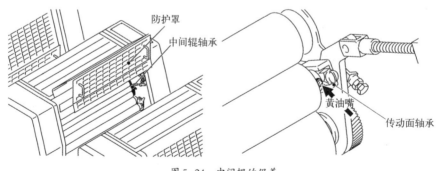

图 5-24　中间辊的保养

每半年给各印刷单元润湿装置中间辊两侧的黄油嘴加注黄油，如图 5-24 所示。

4）印刷单元间传纸滚筒的保养

每月给位于传纸滚筒操作面三副咬纸牙排的开牙球的黄油嘴加注黄油，如图 5-25 所示，每副牙排 1 个黄油嘴，共 3 个黄油嘴，每半年给传纸滚筒咬纸牙排轴轴承的黄油嘴加注黄油，每副牙排 7 个黄油嘴，共 21 个黄油嘴，并给传纸滚筒上每个咬纸牙的黄油嘴加注黄油，每副牙排 19 个黄油嘴，共 57 个黄油嘴。

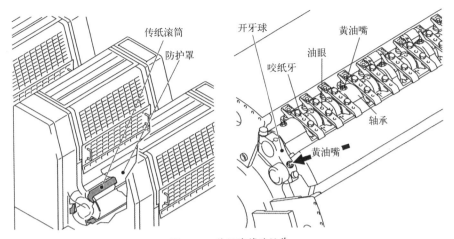

图 5-25　传纸滚筒的保养

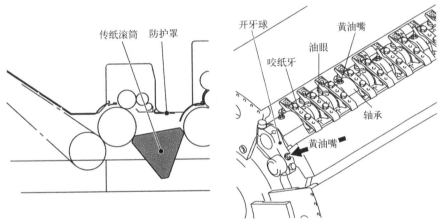

图 5-26　上光单元传纸滚筒的保养

5）上光单元的保养

（1）上光单元传纸滚筒的保养

　　上光单元传纸滚筒的维护保养方法与印刷单元间传纸滚筒的保养方法一样，也需要定期对开牙球、咬纸牙排轴承以及牙排的黄油嘴加注黄油，如图 5-26 所示。

（2）橡皮滚筒与压印滚筒的保养

　　每次使用上光单元后，要及时用软布清洁橡皮滚筒和压印滚筒的表面，并清洁橡皮滚筒和压印滚筒的肩铁，如图 5-27 所示。

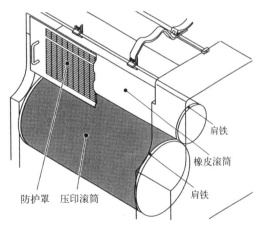

图 5-27　压印滚筒和橡皮滚筒的清洁

　　上光单元压印滚筒的润滑保养方法与印刷单元中压印滚筒的保养方法相同，需要定期分别对开牙球、咬纸牙排轴承和咬纸牙的黄油嘴加注黄油，如图 5-28 所示。

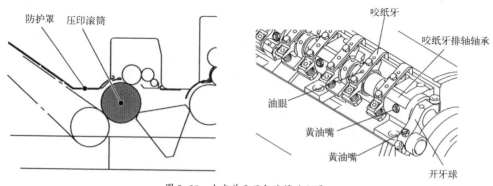

图 5-28 上光单元压印滚筒的润滑

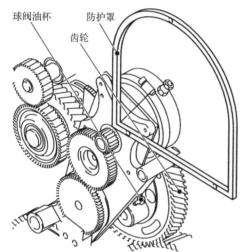

图 5-29 上光单元借滚筒机构的保养

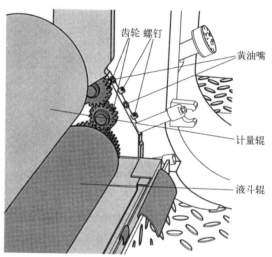

图 5-30 上光单元传动机构的保养

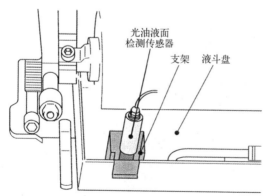

图 5-31 光油液面检测传感器的保养

（3）上光单元借滚筒机构的保养

每周给上光单元位于传动面的借滚筒机构的球阀油杯加注黄油，如图 5-29 所示。

（4）上光单元传动机构的保养

每周给上光单元液斗辊驱动轴承位于传动面的两个黄油嘴加注黄油，如图 5-30 所示，并每月给液斗辊驱动齿轮刷黄油。

（5）光油液面检测传感器的保养

每次使用完上光单元后，检查并用软布清洁光油液面检测传感器，如图 5-31 所示。

5.2.3 辅助设备的维护与保养

1）中央润滑油系统的保养

每周通过油位视镜检查中央润滑油的油位，检查时，需要停机 2~3 小时后观察，如图 5-32 所示，每半年更换一次中央润滑油，并同时更换滤油器过滤芯。

2）水箱的保养

每周用风枪清洁酒精吸嘴和水斗液吸嘴的过滤芯，更换水箱中的过滤棉，用干净的布和酒精清洁整个水箱内部，并用风枪清洁两个上水过滤器的过滤网，如图 5-33 所示，另外，每个月还要用酒精清洁酒精测量筒中的浮球。

3）主传动电机控制箱的保养

每周用真空吸尘器清洁主传动电机控制箱的空气过滤网，如图 5-34 所示，并清洁空压机内的空气过滤网以及主风柜的空气过滤网。

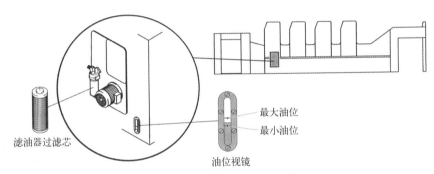

图 5-32 中央润滑油系统的保养

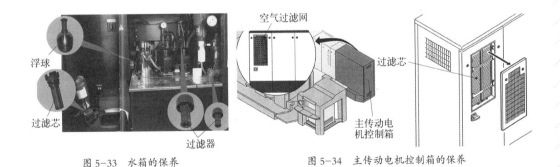

图 5-33 水箱的保养　　　　图 5-34 主传动电机控制箱的保养

项目小结

本项目介绍了平版印刷机的润滑装置以及常用润滑油的类型，并以海德堡 CD102 平版印刷机为例，详细介绍了平版印刷机不同部件的保养周期及其保养方法。

课后练习

1）按照平版印刷机的维护保养要求，为你使用的平版印刷机制定保养周期表。

2）选择合适的润滑油和保养工具按照保养周期表定期对使用的平版印刷机进行维护与保养。

参考文献

[1]   Kipphan，Helmut. Handbook of Print Media[M]. Springer Verlag，2001.

[2]   周玉松 . 现代胶印机的使用与调节 [M]. 北京：中国轻工业出版社，2009.

[3]   严永发，袁朴等 . 胶印机操作与维修 [M]. 北京：印刷工业出版社，2006.

[4]   韩玄武，郑莉 . 海德堡单张纸胶印机操作技术 [M]. 北京：化学工业出版社，2008.

[5]   成刚虎 . 印刷机械 [M]. 北京：印刷工业出版社，2013.

[6]   张慧文，邵伟雄 . 平版印刷机使用与调节 [M]. 北京：印刷工业出版社，2013.

[7]   韩玄武，郑莉 . 胶印机工作原理与操作技术 [M]. 北京：化学工业出版社，2004.

[8]   冯昌伦 . 胶印机的使用与调节 [M]. 北京：印刷工业出版社，2005.

[9]   孙玉秋 . 印刷过程自动化 [M]. 北京：印刷工业出版社，2007.

[10]   王乔 . 印刷机械电气控制 [M]. 北京：印刷工业出版社，2008.